NF文庫
ノンフィクション

海軍人事

太平洋戦争完敗の原因

生出 寿

潮書房光人新社

まえがき

米英を主敵とする太平洋戦争は、昭和十六年（一九四一）十二月八日にはじまり、三年八ヵ月後の昭和二十年八月十四日、滅亡必至の窮地に追いつめられた日本が、辛うじて降伏を決定して、ようやく終わった。

これは日本史上空前の大戦争で、その末期には、陸海軍の作戦指導者らが、国のための名目で、前途有為の二十歳前後の若者らを、搭乗兵器もろとも敵に体当たりさせる「統率《とうそつ》の外道《げどう》」の特攻（特別攻撃）作戦まで強行させて、地獄絵図の戦争を継続した。

しかし、最後の切札《きりふだ》の特攻作戦によっても、圧倒的に強大な兵力・兵器と、徹底した合理的・科学的戦略戦術で戦う米陸海軍の進撃を阻止することはできず、かえって日本の軍、国家、国民の損害を幾倍にも増大させる惨禍をひきおこした。

陸海軍の戦争・作戦指導者らが推進した「大東亜《だいとうあ》戦争」（陸軍大将東條英機《ひでき》を首相とする内閣が、対米英蘭〈オランダ〉戦に支那《しな》事変〈日中戦争〉をふくめた戦争に命名した名称）は、彼らの勇ましいかけ声とはまったく反対に完全敗北となり、軍人軍属をふくむ約三百十万人の国民が無残に殺され、日本は滅亡寸前の壊滅状態におとしいれられたのである。

しかもこの戦争は、歴史的必然のものでも、やむをえないものでもなく、深慮遠謀を欠いた陸海軍の戦争・作戦指導者らと、一部の政治家らの人為によるものであった。

太平洋戦争の開戦に同意し、海軍の完敗と日本壊滅をもたらした人為は、海軍がおこなった海軍兵学校出身の兵科将校に対する人事から発生した。

本書では、その人事の失敗の実態を、忌憚《きたん》なくあからさまにしてゆく。

著者

海軍人事——目次

まえがき　3

第1章　太平洋戦争での十大失策

第2章　海相加藤友三郎の「対米不戦」の決断

第3章　軍令部長加藤寛治、次長末次信正の反政府政治活動

写真提供・雑誌「丸」編集部

海軍人事

太平洋戦争完敗の原因

第１章　太平洋戦争での十大失策

１　陸海軍、開戦時の勝算

戦争を避け、友好関係をむすぶための日米交渉が、ワシントンで、一九四一年（昭和十六年）四月十六日から十一月二十六日までつづけられた。

日本代表は、駐米大使野村吉三郎《きちさぶろう》予備役海軍大将と、十一月から増派された特命全権大使来栖《くるす》三郎の二人で、米国代表は国務長官コーデル・ハルであった。

その七ヵ月余のあいだ、大統領フランクリン・D・ルーズベルトの米国は、日本に対して、「中国および全仏印《ふついん》（フランス領インドシナ、現ベトナム方面）から、いっさいの日本陸海空軍の兵力と警察力を撤収すること。

日独伊（総統アドルフ・ヒトラーのナチス・ドイツ、首相ベニトー・ムッソリーニのファシスト・イタリア）三国同盟条約（主として米英に対抗する目的で、昭和十五年九月二十七日、ベルリンで調印）を破棄、もしくは空文化すること。

中国においては蔣（国民政府主席蔣介石《しょうかいせき》）政権以外の政権を支持しないこと」

の三点を、とりわけ強硬に主張して、ゆずらなかった。

しかし日本も、陸軍が米国の要求の大部分をあくまでも拒絶したために、十一月下旬、海軍と、十月十八日に成立した東條英機《とうじょうひでき》陸軍大将を首相とする内閣の全閣僚とも、陸軍に同調することになった。


その結果、日本陸海軍は、米英とオランダが日本への輸出を禁止している石油、ゴム、錫《すず》などの資源を自由に入手することを目的として、蘭印《らんいん》（オランダ領インド諸島、現インドネシア）、英領マレー（現マレーシア）、米領フィリピン（現フィリピン）などの攻略作戦と、ハワイ真珠湾の米太平洋艦隊主力（戦艦）部隊に対する航空奇襲作戦の決意をかためた。

昭和十六年十二月八日、陸海軍にひきずられた日本は、確実性の大きい勝算がないまま、また開戦通告もなしに、対米英戦を開始した。

ついで一ヵ月ほどのちの昭和十七年（一九四二）一月十一日、日本陸海軍は、蘭印東部のセレベス島北岸メナドと、ボルネオ島北東岸タラカンの攻略作戦を開始し、つづいて蘭印全域に向かって進撃した。


対米英蘭中（中国）の太平洋戦争中、海軍の軍令部部員（参謀）、大本営《だいほんえい》海軍参謀、海上

護衛総司令部（おもに輸送船団護衛部隊の）先任参謀などをつとめた海軍大佐大井篤《あつし》（海兵《かいへい》〈海軍兵学校〉五十一期）は、終戦後ＧＨＱ（東京におかれた連合国軍最高司令部、最高司令官がダグラス・マッカーサー米陸軍元帥《げんすい》）歴史課嘱託になった。

この歴史課に、おなじく嘱託として、太平洋戦争開戦時日本陸軍の参謀本部作戦課長で、山形県立鶴岡（旧称荘内《しょうない》）中学校では大井の二年先輩であった元陸軍大佐服部卓四郎《はっとりたくしろう》（陸士《りくし》〈陸軍士官学校〉三十四期。海兵四十九期に相当）がいた。

（注＝軍令部は、最高指揮官の天皇に直属して、内閣の干渉をうけない海軍の国防・用兵を司《つかさど》る中央統帥《とうすい》機関で、陸軍の参謀本部に相当する。大本営は、最高指揮官の天皇に直属して、内閣の干渉をうけない陸海軍の最高統帥機関で、参謀総長を長とする参謀本部が主体の大本営陸軍部と、軍令部総長を長とする軍令部が主体の大本営海軍部によって構成されている。海軍兵学校は、陸軍士官学校に相当する海軍兵科将校養成校）

あるとき大井は、ＧＨＱの食堂で、服部と二人だけで食卓をかこみ、太平洋戦争開戦前の参謀本部の動きと勝算について、きわめてザックバランに問答をかわした。

大井が質問した。

「海軍は陸軍に押されてとうとう開戦に踏みきったわけだが、私が調べたところでは、陸軍のなかでも開戦をいちばん熱心強硬にとなえたのは、あなたと辻政信《まさのぶ》（昭和十六年九月まで参謀本部戦力班長の中佐、のちに大佐、陸士では服部より二期後輩）だったようですが、ちがいますか」

「まちがいない。こんなこともあったよ。途中で塚田参謀次長（総長の次席、攻《おさむ》中将、のちに戦死、大将、陸士十九期）までが軟化したのを耳にし、僕と辻が次長室に押しかけてネジをまいてやった（蓄音機《ちくおんき》のネジをまいてレコード盤をまわすように）ら、次長はふたたび強い音を出すようになり、それ以後は弱音を出さなくなったよ」

「かならず勝てるという自信があったからこそ、あなたがたはそれほどまで強硬に出たのでしょうが、米国と戦って勝てるわけはなかったでしょうが」

と、大井はつっこんだ。

服部はことばをにごさず、明確に答えた。

「理由（勝つことができる）は二つあった。ひとつはドイツ（日独伊三国同盟の一国で、一九三九年九月から英国と戦争を継続中）がかならず英国を屈伏させるということ、もうひとつは日本海軍が海上交通路（シー・レーン）をかならず確保してくれると信じたことだ。海上交通路の確保ができれば、日本は長期自給自足ができる（東アジア、東南アジアなどから必要物資を輸入して）わけだし、その間に英国がドイツに屈伏すれば、米国は戦争継続の意味を失い（ぜひとも救援すべき国がなくなるので）、米国民の戦意が衰える。そこに有利な終戦となるチャンスが生まれる、という考え方だった」

大井は、服部の説明が真実であることを、『太平洋戦争秘史』（保科《ほしな》善四郎・大井篤・末国《すえくに》正雄共著、財団法人日本国防協会発行）のなかで、つぎのとおりのべている。

「服部の説明とそっくりのことが、昭和十六年十一月十五日付で大本営政府連絡会議（大本営陸海軍部と内閣の連絡会議）が採択した『対米英蘭蔣戦争の終末促進に関する腹案』の眼目になっている。

他方、永野軍令部総長（海軍大将《たいしょう》永野修身《おさみ》、海兵二十八期、以下海軍兵学校卒業者のばあい、海兵を省略する）が上奏《じょうそう》（天皇への報告・意見具申など）した昭和十六年度作戦計画では、海上交通路の確保に自信ある旨が明記されている。その写しが参謀本部に渡されているものに服部も閲覧済の判を捺《お》してあり、それが防衛庁戦史部に残っている。

ところが、「ドイツがかならず英国を屈伏させる」、「日本海軍が海上交通路をかならず確保する」という、勝算と開戦の最重要な根拠とされたこの二つの状況判断が、じつは二つとも事実とは正反対の大誤断であったことが、やがてとりかえしのつかない時期になってから実証され、日本陸海軍の指導者らは自分らの見識と情報のオソマツさを思い知らされるのである。

軍令部総長 永野修身

昭和十六年十二月八日朝、対米英戦開戦の報と、ついで大戦果があがったという大本営発表がラジオで全国に伝えられ、大多数の国民は驚喜した。

この日の昼、首相兼内相（警察・地方行政・選挙などの行政を管轄する内務大臣）兼陸相（陸軍大臣）の東條英機《とうじょうひでき》陸軍大将は、「大詔《たいしょう》（宣戦の詔書）を拝して」と題するラジオ放送をおこなった。そのなかでこうさけんだ。

「米国は支那（中国）よりわが陸海軍の無条件撤兵、南京《なんきん》政府（主として日本陸軍の支援によって、昭和十五年三月三十日に発足した汪兆銘《おうちょうめい》政権）の否認、日独伊三国条約の破棄を要求、帝国に一方的譲歩を強要してまいりました。

……事ここに至りましては、日本はこの危局を打開し、自存自衛を全《まっと》うするため、断乎として立ち上がるのやむなきに至ったのであります。

およそ勝利の要訣《ようけつ》は『必勝の信念』を堅持することであります。建国二千六百年（日本の紀元を、日本書紀に書かれた神武《じんむ》天皇即位の年〈西暦紀元前六百六十年〉を元年として起算したもので、昭和十五年が紀元二千六百年）、われらはいまだかつて戦いに敗れたことを知りません。

……八紘《はっこう》を宇《いえ》となす（八紘一宇《いちう》）皇謨《こうぼ》（天皇の国家統治のはかりごと）のもとに、この尽忠報国の大精神あるかぎり、英米といえども何ら恐るるに足らないのであります」

しかし、この「必勝の信念」は、当時とくに陸軍がとなえていた「万世一系《ばんせいいっけい》の天皇は現人神《あらひとがみ》」、「神洲不滅《しんしゅうふめつ》」、「八紘一宇《はっこういちう》」という神がかりの空想を根拠にしたもので、現実的でも合理的でもなく、これらから確実性の大きい勝算は得られなかった。

昭和天皇は、太平洋戦争終戦後の昭和二十一年（一九四六）一月一日、人間宣言の詔勅を公布したが、そのなかで、つぎのように語っている。

「……朕《ちん》は爾等《なんじら》臣民と共に在り、常に利害を同じうし、休戚《きゅうせき》（喜びと悲しみ）と分《わか》たんと欲す。朕と爾等国民との間の紐帯《ちゅうたい》は、終始相互の信頼と敬愛とに依りて結ばれ、単なる神話と伝説に依りて生ぜるものに非ず。天皇を以て現御神《あらみかみ》（現人神とおなじ）とし、且《かつ》日本国民を以て他の民族に優越せる民族にして、延て世界を支配すべき運命を有すとの架空なる観念に基くものに非ず。……実に我国民が人類の福祉と向上との為、絶大なる貢献を為す所以《ゆえん》なるを疑わざるなり。……」

したがって、「万世一系の天皇は現人神」、「八紘一宇」という言葉は、昭和天皇の意思によるものではなく、天皇の名を利用して独裁政治をおこなおうとする陸軍と、それに同調する一部の海軍その他の意思によるものにほかならなかった。

2　緒戦の快勝と、ひとりよがりの名称「大東亜《だいとうあ》戦争」

太平洋戦争開戦日の昭和十六年十二月八日（日本時間）朝、司令長官山本五十六《いそろく》大将（三十二期）の連合艦隊命令にしたがい、第一航空艦隊司令長官南雲忠一《なぐもちゅういち》中将（三十六期）を指揮官とする主力機動部隊の旗艦（指揮官乗艦）「赤城《あかぎ》」以下正規空母六隻の艦上戦闘機、雷撃機（魚雷発射）、爆撃機（爆弾投下）三百五十機は、ハワイ・オアフ島真珠湾に在泊する米太平洋艦隊主力戦艦部隊八隻への奇襲攻撃に成功して、これらに壊滅的ダメージをあたえた。連合艦隊命令に違反する戦闘行為はなかった。

しかし米側は、これを開戦通告なしの不法卑劣なだまし討ちと憤激し、全国民一致して、日本打倒の戦いに立ちあがった。

十二月四日、南シナ海の海南島を出撃した陸軍部隊の輸送船団と、これを護衛する南遣艦隊司令長官小沢治三郎《じさぶろう》中将（三十七期）がひきいる海軍の巡洋艦・駆逐艦などの艦隊からなる陸海軍協同作戦部隊は、十二月八日未明、タイ領および英領の北部マレー東岸への奇襲上陸に成功した。

第二十五軍司令官山下奉文《ともゆき》陸軍中将が指揮する陸軍部隊は、ただちにマレー半島南端にある英国の大根拠地シンガポール攻略を目標にして、急進撃をはじめた。シンガポールは、二ヵ月余後の昭和十七年二月十五日に陥落する。

日本が米国に対米交渉の最後通告をおこなったのは、真珠湾攻撃開始のハワイ時間午前七時五十分より約一時間おくれのワシントン時間十二月七日午後二時二十分、日本時間十二月八日午前四時二十分で、米英に宣戦布告したのは、それよりあとである。

対米交渉の最後通告が予定のワシントン時間午後一時より約一時間二十分おくれたのは、野村、来栖両大使以下駐米大使館員らが油断して、日本外務省からの暗号電報解読、英文文書作成がおくれたためであった。もし、英文文書をタイプで打たず、ナマ原稿のまま持参し、野村、来栖が口頭で国務長官ハルに伝えれば、真珠湾攻撃開始よりおくれることはなかったはずである。

台湾（この当時は日本領土であった）の日本海軍陸上基地航空部隊の戦（戦闘機）爆（爆撃

機）連合百八十八機は、この日午後、米領フィリピン・ルソン島の米陸軍航空基地三ヵ所を攻撃して、飛行場、施設、飛行機などを存分に撃破した。

米陸軍戦闘機P40、P35などが挑戦してきたが、零戦《れいせん》（零式〈紀元二千六百年式〉艦上戦闘機、通称ゼロ戦）が圧倒的につよく、それを見た米将兵たちは、「ゼロは悪魔の化身」と恐れるようになったという。現実に日本側は、零戦によってフィリピンでの制空権を米軍からうばい、ルソン島への上陸作戦を容易にしたのである。

開戦時の陸軍大将東條英機《はじめ》が首相・内相・陸相（陸軍大臣）を兼務する超強権内閣は、参謀総長杉山元陸軍大将と軍令部総長永野修身海軍大将をそれぞれの長とする大本営陸海軍部と協議のうえ、十二月十二日、閣議で、

「今次の対米英戦争および今後の情勢の推移に伴い生起することあるべき戦争は、支那事変（昭和十二年〈一九三七〉七月七日からつづけていた主として中国国民政府の蔣介石政権との戦争。のちに日中戦争と改称）をも含め、大東亜《だいとうあ》戦争と呼称す」と決定、発表した。

この大東亜戦争の名称は、「大東亜（日本・満州〈現中国東北地区〉・中国および東南アジア）の新秩序建設を目的とする」という理由で命名されたものであった。

「大東亜の新秩序」とは、昭和十五年（一九四〇）七月二十六日、第二次近衛文麿《このえふみまろ》内閣が採択した「基本国策要綱」に、こう説明されている。

「皇国《こうこく》（日本）の国是《こくぜ》は、皇国を核心とし、日満支の強固な結合を根幹とする大東亜の新秩

序を建設するところにある。

国家総力発揮の国防国家体制にもとづき、国是遂行に遺憾ない軍備を充実する。

外交の重心を支那事変の完遂におく（日本に協力する南京の汪兆銘《おうちょうめい》政権を正当な新中華民国国民政府と承認して提携し、重慶の蔣介石政権を打倒する）。

……日満支を一環とし、大東亜を包容する皇国の自給自足経済政策を確立する。……」

要するに、日本を強力な軍国主義国家にしたて、東アジア・東南アジアを統一し、日本の自給自足体制を確立するという軍国主義・帝国主義の国策である。

したがって「大東亜戦争」は日本のひとりよがりの名称で、現代までこの名称を承認している国はほかにない。

各国は、米国が呼称する「太平洋戦争」とか、「第二次世界大戦の一部」というように称している。

私は、かつての米国の呼称だが、主戦場が太平洋地域で政治性もないので、「太平洋戦争」をもちいる。

3　連勝六ヵ月後の致命的大敗

日本陸海軍は、昭和十七年（一九四二）五月まで、おもに米英蘭軍などの戦備がととのわないスキに乗じて、各地で連戦連勝をつづけた。

ところが、六月五日のミッドウェー（ハワイの西北約二千百三十キロの島）海戦で、当時世界最強の日本海軍主力機動部隊が、兵力も搭乗員の技量も劣る米海軍主力機動部隊に完敗し、米海軍に対する日本海軍優勢の形勢が一挙に逆転される苦境におちいった。

ミッドウェー海戦で被弾炎上し、漂流する空母「飛龍」

永禄《えいろく》三年（一五六〇）五月十九日、絶対優勢の今川義元軍が、桶狭間《おけはざま》で小勢の織田信長軍の奇襲に完敗したような情況であった。

ミッドウェー島攻略作戦総指揮官の連合艦隊司令長官山本五十六大将以下参謀長宇垣纏《うがきまとめ》少将（四十期）、先任参謀黒島亀人《くろしまかめと》大佐（四十四期）らは、連勝で気がゆるみ、攻略作戦中に米機動部隊がミッドウェー近辺に出現することはない、と思いこんでいた。

その影響をうけて、先鋒部隊の「赤城」以下正規空母四隻を基幹とする南雲機動部隊でも、指揮官の第一航空艦隊司令長官南雲忠一中将以下参謀長草鹿《くさか》龍之介《りゅうのすけ》少将（四十一期）、航空参謀源田実《げんだみのる》中佐（五十二期）らは、連勝に驕り、米海軍を侮《あなど》り、とりわけ海上の索敵をおろそかにした。

その結果、南雲機動部隊は、六月五日朝、日本側の暗号電報を解読して待ち伏せていた「エンタープライズ」「ホーネット」「ヨークタウン」の正規空母三隻を基幹とする米機動部隊にいちはやく発見され、先制攻撃をうけることになった。

米空母「エンタープライズ」「ヨークタウン」の急降下爆撃隊に奇襲爆撃された日本空母「加賀」「赤城」「蒼龍《そうりゅう》」、および数時間後の午後にこれも奇襲爆撃された「飛龍《ひりゅう》」の全艦が再起不能になり、「蒼龍」「加賀」はやがて沈没し、「赤城」「飛龍」は翌六日未明、味方駆逐艦の魚雷によって沈められるという無残な最期をとげた。

ただこの間に、第二航空戦隊司令官山口多聞《たもん》少将（四十期）が指揮する「飛龍」の急降下爆撃機（艦上爆撃機）十八機と、雷撃機（魚雷を搭載した艦上攻撃機）十機、および零戦十機が「ヨークタウン」に猛攻撃をかけ、これを大破・総員退去におとしいれ、二日後の六月七日、艦長田辺弥八少佐（五十六期）の伊一六八潜水艦が同空母を雷撃、撃沈した。この戦果が、日本海軍にとって、せめてもの救いになった。

それにもかかわらず、名司令官山口は、自分が指揮する「飛龍」「蒼龍」の二隻が沈んだ責任をとって、「飛龍」とともに海に沈んだのである。

日本海軍は開戦劈頭《へきとう》の真珠湾奇襲攻撃で、米太平洋艦隊主力戦艦八隻のうち四隻を撃沈し（うち二隻はのちに浮上修理され、現役に復帰した）、四隻を大・中破して、その戦艦部隊を数ヵ月間行動不能にした。

しかし、真珠湾攻撃直後の一九四一年十二月中旬、米太平洋艦隊司令長官に就任し、一九四五年（昭和二十年）八月の終戦まで日本海軍を苦しめぬいたチェスター・W・ニミッツ大将（一九四四年に元帥）は、自著『太平洋海戦史』のなかで、つぎのようにのべている。

「米国側の観点から見たばあい、真珠湾の惨敗は、当初に思われたほどには大きくなく、想像されたよりもはるかに軽微であった。

沈没した二隻の旧式戦艦（アリゾナ、オクラホマ）は、日本の新しい戦艦と対抗するにも、あるいは米国の高速空母と行動をともにするにも、あまりにも速力がひくかった。

アリゾナとオクラホマ以外の旧式戦艦は、浮揚後に改装された。それらのおもな任務は、戦争の最後の二年間における陸上目標に対する砲撃であった。

旧式戦艦を一時的に失ったことは、そのころ非常に不足していた熟練の乗組員を、空母と水陸両用部隊に当てることができ、それは米国に、決定的と立証された空母戦法を採用させることになった。

攻撃目標を艦船に集中した日本軍は機械工場を無視し、修理施設には事実上手をつけなかった。

また、湾内ちかくにある燃料タンクに貯蔵されていた四百五十万バレルの重油も見のがした。……この燃料がなかったならば、艦隊は数ヵ月にわたって、真珠湾から作戦することができなかっただろう。

米国にとってもっとも好運だったことは、空母が難をまぬがれたことである。『サラトガ』は米西岸にいて、『レキシントン』はミッドウェー島へ飛行機輸送中、『エンタープライズ』はウェーキ島（ハワイとマリアナ諸島の中間）に飛行機を輸送したのち真珠湾に帰る途中であった。

そのうえ、損害をうけた巡洋艦と駆逐艦がきわめてすくなかった。

このようにして第二次大戦のもっとも効果的な海軍兵器である高速空母攻撃部隊を編成するための艦船は損害をうけなくてすんだ」

真珠湾攻撃は、みかけは大勝利だが、米政府の思うツボにはまり、米海軍のその後の戦いをやりやすくさせたようである。

二日後の十二月十日、南部仏印（現ベトナム南部）の基地を発進した中攻（七人乗りの中型陸上攻撃機）八十一機は、マレー半島東方沖で、英東洋艦隊主力戦艦「プリンス・オブ・ウェルズ」「レパルス」の二隻を雷撃あるいは水平爆撃（高空から）して、両艦ともに撃沈し、英海軍の南シナ海における制海権をうばい、海上交通路の安全を確保した。

内地のちかくにいた連合艦隊旗艦の戦艦「長門《ながと》」上の長官山本五十六は、二隻とも撃沈の電報を聞いて、これ以上の満足はないようによろこんだ。

山本が主張していた「航空主兵・戦艦無用論」が実証されたと思ったのである。

しかし、大きな見落としがあった。英戦艦二隻には、防空（護衛）戦闘機が一機もついていなかったことである。

もしこの英艦隊に三十機の防空戦闘機がついていたならば、日本海軍の中攻隊は大損害をうけ、二隻の英戦艦は撃破はされても、沈没はしなかったであろう。

その後、日本海軍航空部隊の攻撃をうけて撃沈された米英の戦艦は、終戦まで一隻もなかったのである。

昭和十七年（一九四二）五月八日、正規空母「瑞鶴《ずいかく》」「翔鶴《しょうかく》」二隻の日本機動部隊は、ニューギニア南東方の珊瑚海海戦で、正規空母「レキシントン」「ヨークタウン」の米機動部隊と決戦し、日本側の戦闘機、艦爆、艦攻雷撃機計六十八機の攻撃隊が「レキシントン」を大破、のちに沈没させ、味方は「翔鶴」中破にとどまる勝利を得た。

しかし、これらのめざましいかずかずの戦果も、ミッドウェー海戦での最精鋭空母四隻および練達搭乗員二百十六人などの喪失をさしひきすると、マイナスがはるかに大であった。

日米の国力差を考えれば、日本海軍の空母四隻は米海軍の空母十隻以上、日本海軍の搭乗員二百十六人は米海軍の千人以上に相当するであろう。

こうしてミッドウェー海戦後の日米海軍の戦力比は、開戦前より日本海軍の不利が増大し、この時点で日本海軍の敗北が決定された形勢になった。

4　海軍三首脳による無責任・ごまかしの敗戦処理

加えて、ミッドウェー作戦を総指揮した司令長官山本五十六《いそろく》大将（三十二期）以下の連合艦隊司令部と、同作戦を承認指示した総長永野大将以下の軍令部、および指揮官・幕僚人事に責任がある大臣嶋田繁太郎《しげたろう》大将（山本とおなじく三十二期）以下の海軍省がおこなったミッドウェー海戦の敗戦処理が、無責任・ごまかしの詐欺的行為に堕落したのである。

海戦五日後の六月十日午後、大本営海軍部は勇ましく軍艦マーチを鳴らして、ミッドウェー海戦の戦果と損害を、

「米航空母艦エンタープライズ型一隻およびホーネット型一隻撃沈。彼我上空において撃墜せる飛行機百二十機。重要軍事施設爆破。

わが方の損害　航空母艦一隻喪失、同一隻大破、巡洋艦一隻大破。未帰還飛行機三十五機」と発表した。

作戦の総指揮官山本五十六は、かねがね、大本営発表は、いい結果も悪い結果も真実を発表すべきであると主張していた。しかし、このデタラメな発表には沈黙した。

正しい戦果と損害は、一部推定をふくむがつぎのようである。

「米航空母艦ヨークタウン一隻大破、のちに伊一六八潜が撃沈。撃墜機数は不明だが、百機まではいかない。重要軍事施設爆破は、滑走路をふくめ不十分。

わが方の損害　航空母艦赤城、加賀、蒼龍、飛龍、重巡洋艦三隈《みくま》沈没。飛行機二百八十五機喪失。戦死三千余人、うち搭乗員戦闘機三十九人、艦爆三十三組六十六人、艦攻三十七組百十一人、計百九組二百十六人」

飛行機と搭乗員の損害は、防衛庁防衛研修所戦史室著、朝雲新聞社刊『戦史叢書《そうしょ》　ミッドウェー海戦』による。

なお同書には、この機動部隊の残存搭乗員は戦闘機四十五人、艦爆五十一組百二人、艦攻五十七組百七十一人、計百五十三組三百十八人と記録されている。

もしミッドウェー海戦のこのおそるべき真相をありのままに公表すれば、世紀の英雄ともてはやされていた山本五十六も世紀の愚将に転落し、退陣を余儀なくされるにちがいなかった。

それでは帝国（日本）海軍の威信もガタ落ちとなり、国民の非難攻撃を浴び、戦争継続もはなはだしく困難になる。

そうなってはおわりと考えた軍令部総長永野と海相嶋田は、真相を全面的に糊塗することにして、山本もそれに反対しなかったようである。

このまっ赤な偽りの戦果発表にあわせるように、ミッドウェー作戦の作戦指導に当たった山本五十六以下の連合艦隊司令部と南雲忠一以下の機動部隊司令部の職員らのなかで、失敗の責任をとる者もとらされる者も、だれひとりいなかった。

南雲機動部隊司令部の参謀長草鹿《くさか》龍之介《りゆうのすけ》少将（四十一期）は、ミッドウェー海戦翌日の六月六日、幕僚（参謀、副官など）一同をあつめて言いわたした。

「このような結果を招いたことは、なんといってもわれらの責任は重大である。しかし国家存亡の関頭に立って、いたずらに自らの出処進退のみに執着することは、私の取らざるところである。……自分ひとり、自決し去るということは私としてはどうしてもできることではない。ふたたび起ち上がって、この失敗を償い、頽勢《たいせい》を挽回してこそわれわれの本分を果たすものといえよう。自決するなどということは私としては大反対である。

南雲長官には、私から軽挙妄動はなきよう申し上げる。なお、私としては将来ともできることなら現職のままとしてもらい、さらに一戦を交えることを許されるならば本懐これにすぎるものはない」

一同はこれにだまって従った。

草鹿に説得された南雲は、「しかし、理くつどおりにもゆかぬのでなあ」と言ったが、けっきょくはやはり従った。

六月十日、後方の安全海域にいた連合艦隊主力部隊の旗艦戦艦「大和《やまと》」に赴《おもむ》いた草鹿は、長官公室で山本五十六に単独会見して、意見をのべた。

「……われわれ一同の責任はまさに死に値いいたしますが、できることなら現職のままいまいちど陣頭に立たしていただきたく、長官の特別の斡旋《あっせん》をお願いいたします」（草鹿龍之介著『連合艦隊参謀長の回想』参照）

これに対して山本は、かんたんに力づよく、「承知した」と答えた（この場に同席していた当時の連合艦隊参謀長宇垣纒《うがきまとめ》少将〈四十期〉の日記『戦藻録《せんそうろく》』）。

こうして、ミッドウェー海戦惨敗の責任に対する山本の考えも、草鹿とおなじになった。

山本がなぜ南雲、草鹿、および南雲機動部隊の航空参謀源田実《げんだみのる》中佐（五十二期）らの責任を厳正に追求して、相応の処分をしなかったかについては、いろいろ説がある。そのなかでなっとくできるのは、彼らの責任を追及していけば、総指揮官の山本自身の責任にもいたるからという説である。山本は、部下の責任を追及しないかわりに、自分も追及されない道をえらんだようである。

海戦当日の六月五日午後十一時五十五分、ミッドウェー島攻略中止令を出した（もともとこの作戦は、同島の攻略占領を主目的にしていた）あと、山本は幕僚らに、

「ぜんぶ僕の責任だ、南雲部隊の悪口を言ってはいかんぞ」

と指示して長官私室に去り、それから数日間、ひきこもって外へ出てこなかったといわれている。

その言動は、総帥たる山本が罪を一身に負うというものだったが、ウラをかえせば、部下一同の口を封じ、臭いものに蓋をするものであった。

山本以下の連合艦隊司令部職員と、南雲以下の機動部隊司令部職員の責任は、いっさい回避されることになった。

それにとどまらず、通例かならずおこなわれていた作戦戦訓研究会もとりやめにされた。

連戦連勝だった開戦から昭和十七年四月までの研究会は、四月下旬に三日間にわたってひらかれ、諸問題が熱心に討議されていたのである。

連合艦隊先任参謀黒島亀人《かめと》大佐（四十四期）は、終戦後、こう語った。

「本来ならば、関係者を集めて研究会をやるべきであった。これを行わなかったのは、突っつけば穴だらけであるし、だれもが十分反省しているこ

一航艦参謀長 草鹿龍之介

とでもあり、その非を十分に認めているので、いまさら突っついて屍《しかばね》に鞭打つ必要がないと考えたからであった、と記憶する」

この研究会中止は、山本の指示によるものか、そうでないかはあきらかではないが、どちらにしても、敗戦の責任容疑に関する証言・証拠の湮滅《いんめつ》が主目的であろう。

山本五十六はじめ、軍令部総長永野、海相嶋田らの、臭いものにはフタの処置によって、南雲、草鹿、源田らは何の処分もうけずに、七月十四日に新編成された新機動部隊第三艦隊の要職に横すべりとなった。

第三艦隊の兵力はつぎのとおりである。

第一航空戦隊　正規空母「翔鶴《しょうかく》」「瑞鶴《ずいかく》」、小型空母「瑞鳳《ずいほう》」

第二航空戦隊　改造中型空母「飛鷹《ひよう》」「隼鷹《じゅんよう》」、小型空母「龍驤《りゅうじょう》」

第十一戦隊　高速戦艦「比叡」「霧島」

第七戦隊　重巡「熊野」「鈴谷」「最上」

第八戦隊　重巡「利根」「筑摩《ちくま》」

第十戦隊　軽巡「長良《ながら》」、駆逐艦十六隻

新旧機動部隊の空母兵力の質は問わずに、表面の陣容から見れば、旧機動部隊以上の大機動部隊である。

この司令長官が南雲忠一中将、参謀長が草鹿龍之介少将である。さすがに敵情誤断、索敵軽視などの重大失敗をしでかした航空参謀源田実は現職をはずされた。それでも主力艦の一艦「瑞鶴《ずいかく》」の飛行長（飛行隊長の上で、艦上で飛行機隊を指揮する）という面目ある職に転補されたのである。

信賞必罰を明確に実行する米海軍ならば、この三人は軽くて予備役編入（クビ）にされたにちがいない。

しかし、この当時の日本海軍上層部は、道理より目前のつごうに合わせる人事をおこなう体質に下落していた。

それでいて一方では、つごうに合わせて不当冷淡な人事もおこなった。

責任を負って、再起不能になった艦とともに沈もうとしていた空母「赤城」艦長青木泰二郎大佐（四十一期）は、飛行長増田正吾中佐（五十期）らにつよく諫止《かんし》されて生還した。それに対して嶋田海相は、予備役編入の処分をした。

また、沈没した四隻の空母に乗っていた多数の下級士官や下士官兵らは、ミッドウェー海戦惨敗の口封じのために、南海の遠い島々や僻地の最前線にとばされた。

このようなありさまでは、米海軍に勝てるわけがない。現に、

「ふたたび立ち上がって、この失敗を償い、頽勢を挽回してこそわれわれの本分を果たすものといえよう」

と言いながら、用兵・作戦・兵器が急速に進歩した米海軍に対して、従来とあまりかわらない用兵・作戦・兵器のまま戦争をつづけた山本司令部と南雲司令部は、その後、部下将兵・飛行機・艦船などの損耗を激増させるばかりで、頽勢を挽回できるほどの勝利は一つも

得られず、日本を敗北にみちびくだけだったのである。

作家の菊村到氏は、著書『ああ江田島』(新潮社)のなかで、昭和二十年(一九四五)八月十五日の終戦日、広島県江田島の海軍兵学校の監事長(校長の次席)が、全校生徒に対し、ややはげしい口調で、

「ミッドウェー海戦で負けたとき、Y元帥は当然腹を切るべきだった。もし元帥が自決していたなら、軍も国民も、事の重大性を思い知らされて考えなおし、こんなみじめな状態に追いこまれないうちに、なんとか事態を収拾できたかもしれない。なまなかの温情主義で個々の敗戦を糊塗《こと》してきたことはあやまりだった」

と語った、というようなことを書いている。

Y元帥は戦死した昭和十八年四月十八日付で元帥府に列せられ、元帥の称号をさずけられた山本五十六以外にない。

終戦当時の海軍兵学校江田島本校の監事長は、元戦艦「長門」艦長、第八艦隊参謀長、海軍省教育局長の大西新蔵中将(四十二期)である。

大西は、昭和十八年七月、濃霧を利用して、米軍に包囲されるアリューシャン列島西部のキスカ島の陸海軍守護隊五千百八十七人を、自分が指揮する水雷部隊の将兵全員とともども、一人も殺さずに救出、撤収した名指揮官木村昌福《まさとみ》少将(四十一期、終戦後の昭和二十年十一月一日に中将)と、肝胆相照らす仲であった。

大西が兵学校の生徒らに語ったことは、的《まと》を射た直言であろう。

5　理に反したガ島奪回戦

昭和十七年八月七日朝、米豪（豪州、オーストラリア）連合軍約一万一千人が、米軍をあまく見ていた日本海軍の意表をついて、ニューギニア東南東にあるソロモン諸島南東部のガダルカナル島北岸に奇襲上陸し、日本海軍の設営隊約二千五百人が八月五日に完成したばかりの飛行場を、たちまち攻略占領した。

瀬戸内海の広島湾南方にある連合艦隊の柱島《はしらじま》泊地に碇泊していた旗艦「大和」で、その報告を聞いた連合艦隊司令長官山本は、「陸海軍協同でガダルカナル島を奪還し、再奪還に押し寄せてくる米艦隊を撃滅する」と決意し、大本営海軍部と陸軍部の同意を得た。

ミッドウェー海戦に敗れたあと、大本営海戦部（軍令部）の指示にもとづいて、日本海軍の設営隊が、ガ島（ガダルカナル）北岸ちかくに飛行場の建設をはじめたのは七月十六日であった。

大本営海軍部の方針は、

「八月上旬までにガダルカナル島に航空基地を整備し、ガ島の陸上航空基地とツラギ（ガ島北方の島）の水上基地（水上機用）から、それぞれの基地航空部隊によって、オーストラリア東方ニューカレドニア島の北東にあるエファテ島と、ニューカレドニア島方面の航空撃滅戦をおこなう。ついでエファテ島とニューカレドニア島を攻略する。
その後九月中旬ごろ、ニューカレドニアの東方にあるフィジー、サモア両島を攻略し、米豪の海上交通を遮断して、オーストラリアを孤立させる」
というものであった。

しかしガ島は、日本陸海軍の大根拠地があるニューギニア東方のニューブリテン島北東岸のラバウルから、南東方に千百キロもはなれていて、航空攻撃、艦隊攻撃、艦船による兵力・兵器補充、軍需物質補給のすべてが、いちじるしく困難なところであった。

それに加えて、米陸海軍の進歩した対空防御力にさまたげられ、日本海軍航空部隊は、ガ島の米航空部隊から制空権をうばえず、日本陸海軍は、ガ島の地上戦でも、ガ島への補充・補給戦でも敗れつづける苦境におちいった。

精鋭を誇った日本機動部隊も、米機動部隊に対しては、かつてのような威力は発揮できなくなった。

正規空母「翔鶴」「瑞鶴」、小空母「瑞鳳《ずいほう》」、中空母「隼鷹《じゅんよう》」を基幹とする南雲機動部隊（第三艦隊）が、十月二十六日、正規空母「エンタープライズ」「ホーネット」の二隻を基幹とする米機動部隊と決戦したソロモン諸島東方の南太平洋海戦について、大本営海軍部は、翌二十七日夜、おおよそつぎのように発表した。

「敵空母四隻、戦艦一隻、艦型不詳一隻、撃沈。敵機二百機以上喪失せしむ。
わが方の損害は空母二隻、巡洋艦一隻小破。未帰還四十数機」

これは、ちかい将来、日本海軍が米海軍を打倒すると信じこまされる希望に満ちあふれた数字だが、連合艦隊、軍令部、海軍省とも、米側の損害はそのようなものと信じたのである。

ところが、太平洋戦争終戦後に明らかになったものだが、日米両艦隊の実際の損害はつぎのとおりであった。（『戦史叢書《そうしょ》　南東方面海軍作戦(2)』）。

「米軍の損害　沈没・空母ホーネット、駆逐艦ポーター。損傷は省略。飛行機喪失・七十四機。

日本軍の損害　損傷・空母翔鶴、瑞鳳《ずいほう》、重巡筑摩。飛行機喪失・九十二機。搭乗員戦死・百四十三人」

この日米両軍の実際の損害からすれば、日本軍の大勝というのは大誤断で、貴重な搭乗員や飛行機を予想よりはるかに多く喪失して、むしろ分《ぶ》がわるかったというのが真相である。

米機動部隊の、レーダーと連動する防空戦闘機隊と、エレクトロニクスを活用した自動式対空射撃指揮装置による対空防御力が、思いもよらないほど強化されていたためであった。

十一月十一日、南太平洋海戦での功績をみとめられた南雲は佐世保《させぼ》鎮守府司令長官に、草鹿は海軍航空のメッカ横須賀航空隊の司令に栄転となった。

同日、元第一航空戦隊（空母「赤城」が旗艦）司令官、南遣艦隊司令長官（マレー、蘭印方面作戦指揮）の小沢治三郎《おざわじさぶろう》中将（南雲の一期下の三十七期）が第三艦隊司令長官に、元空母「加賀」艦長山田定義少将（草鹿の一期下の四十二期）がその参謀長に発令された。

しかし、ガ島争奪戦での日本側の形勢は、すでに絶望状態であった。制空権を米軍にうばわれていて、艦船によるガ島への糧食・兵器・弾薬・兵力などの補給、補完がほとんど不可能になっていたのである。

昭和十八年（一九四三）二月はじめ、陸海軍は、ガ島で敗戦と飢餓と疲労に苦しむ残存陸上部隊一万六百五十二人を、駆逐艦部隊によってかろうじて救出撤収した。

ガ島での戦没者は、陸軍約二万八百人、海軍約三千八百人であった。しかもそのうち約一万五千人は病死だが、それも飢餓からの病死がほとんどであった。

米軍は戦闘参加者が陸軍と海兵隊あわせて約六万人で、そのうち戦死者が約千人、負傷者が四千二百四十五人であった。

約六ヵ月にわたった悪戦苦闘のガ島戦は、こうして惨敗に終わり、日本海軍の飛行機喪失は八百九十三機、搭乗員戦死は二千三百六十二人にものぼった。

ガ島奪回戦は、やってはならない理に反する作戦であった。

二ヵ月後の四月十八日、連合艦隊司令長官山本五十六は、ソロモン諸島北西部のブーゲンビル島南部方面前線巡視のために、幕僚らをともない、ラバウル基地で一式（昭和十六年〈紀元二千六百一年〉式）陸攻（陸上攻撃機）に乗りこんだ。

しかし、ラバウルから南東方のブーゲンビル島南部に飛ぶ途中、日本海軍の暗号電報を解読して待ち伏せていた米陸軍戦闘機P38十六機に襲撃され、護衛の零戦が六機しかいない乗機はかんたんに撃墜されて、山本は操縦員をふくむ部下十人全員とともに戦死した。護衛戦闘機を六機にとどめたのは、山本自身の厳命であった。

山本は真珠湾攻撃とマレー沖海戦で、表面的ながら驚天動地の大勝を得たが、ミッドウェー海戦では驕《おご》りと油断のために完敗し、つづくガ島戦では、地の利を軽視し、米海軍におくれた戦法、兵器で戦い、惨敗した。

天地の真理に適合しきれなかった一部始終のようである。

6　天下分け目の決戦で、蟷螂《とうろう》の斧になった日本機動部隊

昭和十八年九月八日、日独伊三国同盟の一国ファシスト・イタリアが、早くも米英など連合軍に無条件降伏して脱落した。

昭和十九年（一九四四）六月六日、米英連合軍はフランス北岸のノルマンディ上陸作戦に成功して、ドイツの敗色がいちじるしく濃くなった。

直後の六月十五日、戦艦七隻、重巡八隻などの艦砲射撃と、空母十五隻の大飛行機隊約八百九十機の銃爆撃に支援された米上陸軍が、日本陸海軍部隊が守備するマリアナ諸島中部のサイパン島に、やすやすと上陸した。

六月十九、二十日、小沢治三郎中将を司令長官とする空母九隻、戦艦五隻、重巡十一隻ほかの第一機動艦隊は、司令長官豊田副武《そえむ》大将（三十三期）の連合艦隊命令をうけ、マリアナ諸島西方海面で、兵力が約二倍の米主力機動部隊と天下分け目の決戦をした。

しかし、大兵力で高性能・高技量のグラマンＦ６Ｆ防空戦闘機隊と、エレクトロニクス活

用の自動式射撃指揮装置、それに命中率が時限式信管付砲弾の二十倍という新式ＶＴ《ヴィティ》信管付砲弾をもちいる米機動部隊の卓越した対空防御力にはばまれて、小沢機動部隊の航空攻撃隊は米艦隊にカスリ傷ていどの損傷しかあたえることができず、出動約四百二十機のうち、約二百五十機を喪失した。

この戦いでは、かつての無敵零戦も、新鋭の米戦闘機グラマンＦ６Ｆには太刀打ちがきわめて困難になっていた。

そのうえ、小沢機動部隊の旗艦正規空母「大鳳《たいほう》」と「翔鶴」は二隻の米潜水艦にそれぞれ撃沈され、商船改造空母「飛鷹《ひよう》」は米空母機の雷撃と潜水艦の雷撃で撃沈されたのである。

こうして、最後のたのみの小沢第一機動艦隊も、最新鋭の米大機動部隊に対しては、「蟷《とう》螂《ろう》の斧《おの》を怒らして隆車《りゅうしや》に向かうが如し」のありさまで完敗した。

これが、日米機動部隊の雌雄を決したマリアナ沖海戦である。

太平洋戦争開戦前から山本五十六が主張し実施していた「航空主兵・戦艦無用」の用兵・作戦も、マリアナ沖海戦において、もはや米海軍に対しては無効ということが完全に実証されたのである。

七月七日、サイパン島の日本軍が全滅し、八月三日、サイパン南方のテニアン島の日本軍も全滅し、八月十一日、テニアンよりさらに南方のグアム島の日本軍も全滅した。

この時点で、マリアナ諸島はほぼ米軍の支配下に入り、三ヵ月後の十一月下旬から、超重爆撃機Ｂ29がサイパン、テニアン、グアムを発進し、大編隊を組んで、東京はじめ日本本土各地に爆弾の雨を降らすようになる。

八月二十五日、フランスの首都パリを占領していたドイツ軍が米英軍に降伏し、ドイツの形勢はいよいよ悪化した。

7　まちがいだらけの作戦で連合艦隊壊滅

マリアナ沖海戦の完敗で策に窮した軍令部総長及川古志郎《おいかわこしろう》大将（三十一期）は、昭和十九年十月上旬、東京霞が関の軍令部で、フィリピン・ルソン島に赴任する第一航空艦隊（開戦時のものとは別）司令長官兼第五基地航空部隊指揮官予定の大西瀧治郎《たきじろう》中将（四十期）に、航空機による体当たり攻撃作戦の決行を指示した。

十月下旬に予定されるフィリピン周辺における米主力機動部隊と戦艦・巡洋艦以下の大艦隊、およびフィリピン中部のレイテ島攻略部隊が乗船する米大輸送船団との海戦（のちにフィリピン沖海戦と命名）で、若い士官・下士官兵搭乗員らに、命中率の高い体当たりの特別攻撃を強行させることである。

ただ、生還不可能な必死の戦法なので、特別攻撃隊員の採用は、命令によって指名してはならず、志願した者にかぎれという条件であった。

大西は、この人命無視の作戦は「統率の外道《げどう》」であると抗議したが、国家危急存亡のとき、このさいはやむをえないとなっとくした。

しかし、特攻（特別攻撃）作戦の作戦指導者、指揮官、参謀らは、及川、大西をふくめ、搭乗員を特攻戦死させることに対する責任は負わないという建前《たてまえ》には、わりきれないものが残った。特攻作戦は自殺攻撃を命令するものだからである。

海軍の航空特攻は、十月二十一日夕刻、フィリピン中部のセブ島基地を発進した、司令長官大西瀧治郎の第一航空艦隊第一神風《しんぷう》特別攻撃隊大和《やまと》隊の爆装（二百五十キロ爆弾搭載）零戦三機の指揮官久納好孚《くのうこうふ》中尉（学徒出身の飛行予備学生十一期）機が、セブ島東方のレイテ湾（レイテ島の東側）の米輸送船に突入し、同中尉は戦死したらしいということからはじまった。ただし突入は未確認である。

大西中将が、マニラ北方のマバラカット飛行場で、一航艦司令長官に就任したのは、前日の十月二十日であった。

十月二十五日午前、マバラカット飛行場を発進した第一神風特別攻撃隊兼敷島隊指揮官関行男《ゆきお》大尉（七十期）機以下爆装零戦五機および彗星《すいせい》艦爆一機と、別働隊の爆装零戦八機、計十四機の特攻機が、レイテ東方の米護衛空母（小型、低速）群に突入して、護衛空母一隻撃沈、五隻撃破、死傷者多数という驚異の大戦果をあげた。

ただ、これらの特別攻撃隊員の多くは、自発的に志願したものではなく、拒否することがきわめて困難な雰囲気のなかで、上官の誘導にしたがって同意に踏みきったようである（甲種飛行予科練習生第十期会編集・発行『散る桜残る桜、甲飛十期の記録』、生出寿著『特攻長官大西瀧治郎』参照）。

一方、東京近郊の司令部で指揮をとる司令長官豊田副武の連合艦隊命令をうけ、レイテ湾に突入して米艦隊と米上陸部隊を撃滅する目的で、十月二十二日、ボルネオ北西岸のブルネイを出撃した巨大戦艦「大和」「武蔵」以下三十二隻の栗田艦隊は、二十三日の米潜水艦群の雷撃と、二十四日からの米大空母機群の爆・雷撃をうけて沈没、損傷脱落する艦が続出した。

関大尉を先頭にマバラカットを発進する神風特攻敷島隊

二十五日午後零時二十分ごろには、栗田艦隊は南方のレイテ湾まであと五時間半ほどの位置にいたが、戦闘可能な艦数はすでに半数の十六隻であった。加えて連続した激戦のために戦死傷者が多く、弾薬・魚雷も激減して、落魄艦隊の状態になりさがっていた。

栗田艦隊は、第二艦隊司令長官栗田健男《たけお》中将（三十八期）を指揮官とする第一遊撃部隊と称される戦艦・重巡・水雷戦隊の艦隊である。

このようになった最大の原因は、栗田艦隊には、敵爆撃機、雷撃機を撃墜破する防空戦闘機が一機もついていないことであった。

それについで、第二艦隊司令長官兼第六基地航空部隊指揮官福留繁《ふくとめしげる》中将（大西とおなじく四十期）が指揮する米空母攻撃隊（通常の爆撃、雷撃）二百二十三機の攻撃が、不振をきわめたことであった。

十二月二十四日、マニラふきんの航空基地から数回に分けて出撃した同攻撃隊計約百八十機は、ルソン島東方の米正規空母部隊を攻撃し、彗星艦爆一機が軽空母「プリンストン」を大破、のちに沈没させたが、ほかにはこれという戦果がなく、マリアナ沖海戦とおなじように、米防空戦闘機隊と高性能の対空火器によって、大部分が撃墜されたのである。

栗田艦隊が、日本航空部隊の米機動部隊に対する通常攻撃や特攻によって、被害が減少した事実は無にひとしかった。

もし二百機の零戦が栗田艦隊を護衛したならば、同艦隊は有効な戦力を保持したままレイテ湾に突入して、米艦隊と上陸部隊に大打撃をあたえることができたかもしれない。

けっきょく、栗田艦隊司令部は、二十五日午後零時二十六分、レイテ湾突入作戦の成算をうしない、反転してひきかえすことを決定した。

「レイテ湾の輸送船は避退して所在しない公算が大であり、米艦隊とタクロバン（レイテ島北東岸）の米航空部隊が堅固な邀撃《ようげき》（迎撃）態勢をととのえて待ちかまえている」という判断であった。

また、囮《おとり》艦隊としてルソン島北東海面に進出していた空母「瑞鶴《ずいかく》」以下四隻を基幹とする機動部隊本隊（空母機がすくなく、航空攻撃力がよわい）の指揮官小沢治三郎中将は、十月二十五日朝、栗田艦隊にとって最大の難敵である司令長官ウイリアム・F・ハルゼー大将の米第三艦隊をフィリピン北東海面におびきだすのに成功したとき、それを通報する電報を二回にわたって発信したが、栗田にはとどかなかったという。

ハルゼー艦隊は、正規空母・軽空母合わせて十八隻、高速戦艦六隻、巡洋艦十七隻、駆逐艦六十四隻、計百五隻の新鋭大機動艦隊である。

敗残の栗田艦隊は、十月二十八日夜、むなしく、出発点のボルネオ北西岸ブルネイに帰着した。

ところが、終戦後に判明したことだが、十月二十五日午後のレイテ湾の状況はつぎのようであったらしい。

「ジェシー・B・オルデンドルフ少将が指揮する戦艦・重巡・軽巡・駆逐艦など三十二隻のオルデンドルフ艦隊はスリガオ海峡側（レイテ湾の南側）に、上陸用輸送船五十七隻は湾内奥深くにひそんでいた。

十月二十四日までに、米第二十四師団の全力五万一千五百人と、一ヵ月分の補給をふくむ八万五千トンの物資の揚陸（レイテ島タクロバンふきんに）はおわっていた。しかし米軍は、むしろこの上陸地点への艦砲射撃の集中をもっとも恐れていた。

オルデンドルフの上司、米第七艦隊司令長官トーマス・C・キンケード中将は、『レイテ湾で二隻の戦艦を日本側が失う覚悟があったならば、全上陸部隊を崩壊させることができたにちがいない』とモリソン（米歴史学者）に語っている」（『モリソン戦史』）

栗田艦隊司令部の状況判断とは反対で、歴史は栗田艦隊が全滅覚悟でレイテ湾に突入すべきであったことをしめしているようである。

けっきょく、栗田艦隊の反転帰投によって、日本艦隊はフィリピン沖海戦でも惨敗そのものにおわった。

この海戦で、栗田艦隊以外の水上部隊もひっくるめた全体の沈没艦は、戦艦三（「武蔵」をふくむ）、空母四（正規空母「瑞鶴」をふくむ）、重巡六、軽巡四、駆逐艦十一の計二十八隻にのぼった。

米側の沈没艦は、軽空母「プリンストン」一、護衛空母二、駆逐艦二、護衛駆逐艦一、魚雷艇一の小物八隻にとどまっていた。

この戦いで、連合艦隊は水上部隊も航空部隊も壊滅状態になりはてた。

8 「地獄絵図」の特攻一本鎗作戦

日本海軍はついに、特攻作戦を全面的に展開して、敵に大打撃をあたえ、それによってなっとくできる講和を獲得することに、最後の望みをかけることにした。

航空特攻のほか、人間爆弾「桜花《おうか》」、人間魚雷「回天《かいてん》」、体当たりモーター・ボート「震《しん》洋《よう》」その他による人海特攻戦術である。

陸軍も航空特攻のほか、体当たりモーター・ボート「㋹艇」、「義烈空挺隊」（敵飛行場に奇襲着陸して、B29その他を破壊するような攻撃）の作戦をいそいだ。

しかし、強大で徹底した合理主義戦法で戦う米海軍は、日本海陸軍の特攻作戦にほとんどくじけることなく、進撃をつづけた。

昭和二十年（一九四五）一月九日、米攻略部隊がルソン島西岸のリンガエンに上陸し、ルソン島の日本海軍航空部隊の制空権はうばわれ、陸海軍の陸上部隊は北部の山地などに敗退するほかなくなった。

蘭印（現インドネシア）、マレー、タイ、仏印などから、船舶で石油その他の必要物資を日本に輸送することも、ほとんど不可能になってきた。

一月十二日、仏印《ふついん》（現ベトナム）東岸沖を日本へ向かっていた油槽船（タンカー）九隻は、その護衛部隊もろともに米空母機隊に爆撃されて全滅し、そのほか仏印一帯の船舶も、壊滅的ダメージをうけた。

十五、六日には香港《ホンコン》が空襲され、五隻のタンカーが沈没し、二十一日には台湾南西岸の高雄が空襲をうけ、大型タンカーほか重要船舶十隻が撃沈された。

開戦前に海軍が陸軍に保証した「海上交通路の確保」は、これでふっとんだ。

マリアナを発進した米B29爆撃兵団の、京浜、名古屋、阪神地区に対する空襲も、いよいよ激化してきた。

二月十九日、小笠原諸島南部の硫黄島に米軍が上陸し、三月十七日、同島の日本陸海軍部隊が全滅した。米軍はただちに飛行基地を整備して、新鋭陸軍戦闘機P51多数を進出させた。

それからは、マリアナを発進したB29の大編隊爆撃隊が、硫黄島を飛びたったP51に護衛された。日本本土の各都市に無差別爆撃を加えるようになった。

フィリピン作戦後の海陸軍の特攻作戦は、昭和二十年二月下旬からの硫黄島、三月半ばすぎからの日本本土内外、ついで四月上旬からの沖縄方面などで、つぎからつぎに決行された。航空特攻の命中率は通常爆撃（この命中率はきわめてひくい）の平均三倍以上とみられた。航空機以外の特攻もそれなりの戦果をあげた。

しかし、米英など連合軍は、そのていどの損害では音《ね》をあげなかった。米艦隊の艦砲射撃と空母機隊の銃爆撃に掩護されて、米上陸部隊がなんの抵抗もうけずに沖縄本島に上陸したのは四月一日で、沖縄本島の日本陸海軍部隊は、次第に南部地区に追いたてられていった。

四月七日、戦艦「大和」以下十隻の海上特攻隊が、沖縄周辺の米艦隊に向かって進撃する途中、米空母機三百八十六機に打ちのめされ、「大和」以下六隻がむなしい最期をとげ、作戦は失敗におわった。この海上特攻隊にも、防空戦闘機が一機もついていなかった。

無謀以外のなにものでもないこの作戦は、「カミガカリ」とアダ名される先任参謀神重徳《かみしげのり》大佐（四十八期）の、狂信的主張をうけいれた司令長官豊田副武の連合艦隊命令によるものであった。

四月三十日、ドイツの総統アドルフ・ヒトラーが自殺し、五月二日、ドイツの首都ベルリンが陥落して、五月七日、ドイツは米英など連合国に無条件降伏をした。

日本陸軍が自信をもって主張した「ドイツがかならず英国を屈伏させる」ことも、これでふっとんだ。日本も、戦争を継続すれば、ドイツとおなじ運命におちいることがまちがいなくなった。

海軍総司令長官兼連合艦隊司令長官豊田副武大将が、五月二十九日、軍令部総長に転じ、軍令部次長小沢治三郎中将が海軍総司令長官兼連合艦隊司令長官に、第一航空艦隊司令長官大西瀧治郎中将が軍令部次長に就任した。

海軍総司令長官は、連合艦隊以外の艦隊と鎮守府（横須賀、呉、佐世保、舞鶴の四軍港に設置された各海軍区の軍政・警備機関）、警備府（鎮守府に準ずる機関で、大湊、大阪など五ヵ所の旧要港に設置された）などをひっくるめた海軍総隊の最高指揮官である。

小沢の人事は、早期戦争終結を切望する昭和天皇の意を体した海相米内光政《よないみつまさ》大将（二十九期）が、戦争終結にさいしては小沢の統率力がぜひとも必要であると判断して、天皇に推薦したものであった。

このころの海軍は決号作戦（本土決戦）の準備をすすめていたが、戦法は体当たり特攻一本槍しかなかった。

連合艦隊航空甲参謀淵田美津雄《ふちだみつお》大佐（源田実とおなじく五十二期、真珠湾攻撃のときの航空攻撃隊総指揮官）は、司令長官小沢に率直に意見をのべた。

「各種の特攻兵器が敵輸送船団に殺到し、できるかぎり多数の米兵を殺そうというのは、これは地獄絵図ですよ。戦《いくさ》はきびしいものでしょうが、無制限にやらねばならないものでもないでしょう。神洲不滅とは一億玉砕の阿鼻叫喚《あびきょうかん》ではないと思いますが」

「航空参謀、しかたがないんだよ。負けたことがないんでね。どう負けていいか見当がつかないんだ」

小沢はさびしく笑った。

六月八日の重臣（首相経験者）会議では、陸軍中将の秋永月三《あきながつきぞう》内閣計画局長官から、秋には石油をはじめ軍需品が不足して戦争遂行能力がなくなり、国民の間には餓死者が出はじめるかもしれないという、絶望的国力の実情が報告された。

六月二十三日、沖縄本島の残存陸軍部隊が全滅して、沖縄本島も米軍の手中に落ちた。沖縄県民十数万人と、陸海軍将兵約六万五千人はむなしく戦没した。

9　終戦をおくらせた陸相、参謀総長、軍令部総長

八月六日、米超重爆撃機Ｂ29が広島に原子爆弾第一号を投下して、十数万人が殺害され、約三万一千人が重軽傷を負った。

八月八日、ソ連が一方的に日ソ中立条約を破って対日宣戦を布告し、九日から満州と樺太《からふと》の日本軍に攻撃を開始した。火事場強盗・殺人であった。

同日、長崎に米Ｂ29が原爆第二号を投下して、約二万五千人が殺害され、約六万人が重軽傷を負った。

ここにいたって、どれほど特攻一本槍の戦争を継続しても、戦局を挽回できないどころか、

日本が米英中ソなど連合国によって分割され、滅亡する絶体絶命の土壇場におちいったことをみとめるほかなくなった。

八月九日の御前会議（天皇臨席）と、八月十四日の御前会議において、外相東郷茂徳《とうごうしげのり》、海相米内光政、首相鈴木貫太郎《かんたろう》（退役海軍大将）は、「ポツダム宣言受諾（米英など連合国のポツダム宣言の条件をうけ入れて降伏）」に賛成する意見を表明した。

しかし、陸相阿南惟幾《あなみこれちか》大将、参謀総長梅津美治郎《うめづよしじろう》陸軍大将、軍令部総長豊田副武《そえむ》海軍大将は、なお強硬に、「反対、戦争継続」を主張した。

それに対して昭和天皇は、精魂をこめて、

「私自身はいかになろうとも、私は国民の生命を助けたいと思う。……戦争を継続すれば国体（陸軍がとくに主張していた天皇制）も国家も将来もなくなる。すなわち元も子もなくなる。いま停戦せば将来の根基は残る。……どうか賛成してくれ。陸海軍の統制も困難があろう。自分みずからラジオ放送してもよろしい。すみやかに詔書を出して、この心持を伝えよ」

という要旨の意見を諄々とのべ、「ポツダム宣言受諾」を裁決した。

八月十四日午後十一時、「終戦詔書」が発布され、外務省から米英中（中国）ソ（ソ連）に対し、スイス、スウェーデンを通じて、ポツダム宣言受諾の電報が発せられた。

明くる昭和二十年八月十五日正午、天皇が朗読した終戦詔書のラジオ放送がおこなわれ、三年八ヵ月余にわたった惨憺たる戦争が、ようやくおわった。

約三百十万人もの戦没者を出し、国土は荒廃したが、危機一髪のところで、生き残った約一億人の日本国民（朝鮮、台湾人をふくむ）は新生の道を歩むことができるようになった。

それにしても、「万世一系の天皇は現人神」「神洲不滅」「八紘一宇」ととなえて二・二六事件の体質を持つ一部の陸軍軍人と、それに同調する海軍軍人のために、戦争終結がいちじるしくおくれ、最後の最後まで困難をきわめたことは、遺憾きわまる事実であった。

二・二六事件は、昭和十一年（一九三六）二月二十六日早朝。陸軍の青年将校二十一名が、対米英協調派の首相岡田啓介（後備役海軍大将、十五期）の内閣を倒し、彼らがのぞむ強力な軍部独裁政権を成立させる目的で、私的に国軍の兵千四百余人をうごかし、重臣（首相経験者）、政府要人、および彼らの意見に反する陸軍首脳らに凄惨きわまる集団テロを強行した叛乱軍事件である。

しかし、そのような神がかりの空想を根拠にして、テロをも辞さない陸海軍の一部軍人らとその同調者が、戦争終結派の要人たちを殺害する恐れがきわめて大であったために、終戦工作が容易に進まなかったのである。

それに加えて、海軍の軍令部がフィリピン沖海戦から特攻作戦を強行させたことも、大局的に見れば、戦争終結をおくらせて大禍を発生させる結果をまねいた。

特攻機の命中率は通常爆撃の三倍以上にあがった。しかし、それでも戦局を挽回できるほどの戦果にはほど遠く、いたずらに戦争がながびき、その間に陸海軍をふくむ国家国民の損害犠牲が、計り知れないほど膨大なものに激増したのである。

もし海軍が、サイパン島を米軍にうばわれた昭和十九年七月七日の直後に、海軍の大御所で元軍令部総長の伏見宮博恭王元帥《ふしみのみやひろやすおうげんすい》（海兵二十期相当）が先頭に立って団結し、昭和天皇を奉じ、敗戦の責任は海軍にあると明言して陸軍を説得し、米英など連合国と和をむすぶことができたならば、損害犠牲は実際の三分の一以下に減じたであろう。

フィリピン方面の日本海陸軍の惨敗、B29の日本本土無差別爆撃による膨大な被害、無残な戦場と化した沖縄、広島・長崎への原爆投下による大惨禍、ソ連の対日参戦と南樺太《からふと》・千島列島強奪などは、なくてすんでいた。

しかし残念ながら、サイパン陥落後すぐの戦争終結は、現実にはありえなかった夢で、昭和の日本陸海軍は、賢明であった明治の日本陸海軍とちがい、日本滅亡のまぎわまで追いつめられても、なお強情を張って戦争をやめようとしない、狂った体質に変化していたのである。

元帥は、陸海軍大将のうちとくに功労があって、天皇の軍事上最高の顧問機関である元帥府に列せられた者である。

特攻作戦はもうひとつ、道理に反する「無責任・ごまかし」の悪習ものこした。

軍令部総長及川大将は、特攻作戦にかかわった作戦指導者・指揮官・参謀には、特攻隊員の特攻戦没に対する責任はないというタテマエをつくったが、軍令部総長以下が特攻作戦を指導・指揮したことがよいことだったのか、よくないことだったのかについても、ウヤムヤにしたままで、昭和三十三年（一九五八）五月九日、この世を去ってしまった。

しかしながら、特攻作戦は、たとえ志願した特攻隊員であっても、無実の人間に自殺攻撃を命ずるもので、しかも戦争は惨敗に終わったのである。生き残った及川以下の作戦指導者・指揮官・参謀らのウヤムヤの処置は、明らかに「無責任・ごまかし」で、国家・社会に長く悪影響をおよぼすものであろう。

陸海軍の特攻戦没者数は、元大本営陸海軍部作戦参謀・陸軍中佐の瀬島龍三氏を会長とする、「財団法人特攻隊戦没者慰霊平和祈念協会」の調査によると、海軍が航空二千五百三十一人、その他二千七百二十六人、計五千二百五十七人、陸軍が航空千三百三十二人、その他三百六十三人、計千六百九十五人、総計六千九百五十二人である。

六千九百五十二人の特攻戦没者は、特攻作戦にかかわって生き残った作戦指導者・指揮官・参謀らが、つぎのような疑問に答えることを望んでいるにちがいない。

「特攻作戦を計画し、指導、指揮したことは、よいことであったと思うか。

特攻戦没者に対する責任はないと思っているか。ないと思っているならば、理由はどういうものか。責任があると思っているならば、どのように責任を果たしたか。

特攻戦没者の遺族に対しては、どんな面倒をみたか。

特攻戦没者慰霊祭では、戦没者を讃美すればいいと思うか。

将来日本にふたたび大事が生じたとき、また若者たちに特攻をやらせるべきと思うか」

これらの疑問に対する、真摯《しんし》な答えが出ないかぎり、特攻戦没者たちの無念はつのるばかりになるだろう。

海軍の作戦指導者・指揮官・参謀らのなかで、明確に責任をとったと思われるのは、当然のことであったろうが、第一航空艦隊司令長官、軍令部次長になった大西瀧治郎中将である。

終戦直後の八月十六日未明、大西は次長官舎で、軍刀で作法どおりに腹を十文字に切り、頸と胸を刺し、さらに戦没した特攻隊員に詫びるように、十五時間余の苦痛に堪えてから夕刻に絶命した。

五十四歳で、「特攻隊の英霊に曰《もう》す」という、つぎのような書き出しの遺書を残していた。

「特攻隊の英霊に曰す　善く戦ひたり、深謝す　最後の勝利を信じつつ肉弾として散華せり然《しか》れ共其《その》信念は遂に達成し得ざるに至れり　吾死を以て旧部下の英霊と其遺族に謝せんとす……」

大西以外では、生き残っても、特攻隊戦没者とその遺族に、折目正しく詫び、深い反省の言葉を表明する者は、ほとんど見あたらない。

特攻隊戦没者慰霊祭の多くは、戦没者たちを美辞麗句で讃美する儀式を主体にしていて、戦没者たちの御霊を安んじ、遺族に深い感銘をあたえるものにはなっていないようである。

昭和二十年八月上旬、広島と長崎に原爆が投下され、ソ連が対日参戦をしたが、そのころは最後の切札にされていた特攻でも、戦局の挽回は不可能であることが明らかになっていた。

戦争は日本滅亡に危機一髪のところで、終結された。

七千人にちかい特攻隊戦没者たちは、一身をなげうって、昭和天皇はじめ大本営陸海軍部と政府の首脳たちに、無益な戦争をやめるべき時がきたことを悟らせ、新生日本の誕生に無言の貢献をした尊い犠牲者になった。

米英など連合国が、無条件降伏をさせたイタリア、ドイツとちがい、日本に対しては受諾しやすい有条件降伏勧告の「ポツダム宣言」を出した理由のなかには、日本本土上陸作戦にさいして、無数の特攻兵器によって連合軍の被害が膨大になることを恐れたためということがあるようである。

生き残った国民は、自分らの身がわりになり、最終的に日本国と国民を滅亡から救った特攻隊戦没者たちの御霊に、深い尊敬と感謝を捧げるべきであろう。

昭和二十年十一月三十日、七十三年九ヵ月つづいた海軍省が廃止された。陸軍省も同時に廃止となり、すべての陸海軍軍人は、この日をもって予備役に編入され、軍籍を抹消された。

陸海軍を滅ぼしたの陸海軍軍人、とくに独善的対米英中武断派だが、これは自業自得のようなものであった。

天皇は内閣と大本営陸海軍部の決議を拒否できない存在にされていて、意に反する詔書も出さねばならなかった。それにしても、憲法からすれば、開戦と敗戦に責任がなかったとは言えない。

ただ、実質的には、天皇は陸海軍の不見識きわまる武断派の被害者であったし、最後には、首相鈴木、外相東郷、海相米内らの支持を得て、道理のない継戦派を制し、大部分の日本国民と、多くの連合各国人の生命を救ったことも事実であった。

10　開戦は人為的結果

太平洋戦争開戦九日まえの昭和十六年十一月二十九日午後、昭和天皇は宮中で重臣八人の意見を聴取した。元首相の若槻《わかつき》礼次郎、岡田啓介（退役海軍大将）、広田弘毅《こうき》、林銑十郎《せんじゅうろう》（予備役陸軍大将）、近衛《このえ》文麿《ふみまろ》、平沼騏《き》一郎《いちろう》、阿部信行《のぶゆき》（予備役陸軍大将）、米内光政（予備役海軍大将）らである。

優柔不断のために陸軍の操り人形にされ、昭和十五年九月二十七日に日独伊三国同盟条約を締結して、昭和十六年四月十六日からの日米交渉に失敗した首相であった近衛は、あいまいな戦争延期論をのべた。

「外交交渉（対米）が決裂しても、すぐ戦争に訴えることなく、このままの状態で臥薪嘗胆《がしんしょうたん》すれば、そのうちに打開の道を見出せるのではないかと思われます」

米内は敗北を警告した。

「……俗語を使いまして恐れ入りますが、ジリ貧を避けんとしてドカ貧にならないように十分にご注意を願いたいと思います」

広田は消極的ながら、

「やむをえず撃ち合いになっても、機会をとらえて外交交渉によって解決する道をとるべきと思います」

と、開戦をみとめた。

陸軍大将の林、阿部は東條内閣支持をのべた。

最後に長老の若槻が、

「……大東亜共栄圏の確立とか東亜の安定勢力とかの理想にとらわれて国力を使うことはまことに危険でありますから、これはお考えを願わなければなりません」

と、現実主義で最後を決定するように進言した。しかし、まとまりもなく、権限もない重臣らの意見は、効果を発揮するものではなかった。

米内は明くる十一月三十日、海軍兵学校同期の親友である予備役海軍中将荒城《あらき》二郎に手紙を書いた。

「昨二十九日、午前九時より午後四時まで参内、昼は御陪食の光栄に浴したり。集る面々例の通り……日米交渉は全く暗礁に乗り上げたり。好むと好まざるとに関せず、日本の行く道は只《ただ》一つとなれると思はる。事茲《ことここ》に至れるは全く人為的結果と思ふ。然《しか》し此際《このさい》死んだ児《こ》の年を数へるやうなことは禁物だ。沈黙コレまた職域奉公の一ならん。……モノゴトは為《な》るやうにしかならんな」

このうち「事茲に至れるは全く人為的結果と思ふ」は、昭和十五年八月、静養に行った日光から荒城に送った手紙のなかの、「魔性の歴史といふものは……所謂《いわゆる》時代政治屋を操り……狂踊の場面から静かに醒《さ》めて来ると……ハテ、コンナ積りではなかったと、驚異の目を見張るやうになって来るだらうと思ふ」につながるもののようである。

日独伊三国同盟に反対だった米内内閣が、陸軍の謀略によって打倒されたのは昭和十五年七月十六日で、陸軍にかつがれた第二次近衛文麿内閣が成立したのは、直後の七月二十二日であった。日独伊三国同盟条約が調印されたのは、その二ヵ月後である。

太平洋戦争を顧みると、まさしく米内が言ったとおりの経過になった。

第2章　海相加藤友三郎の「対米不戦」の決断

海軍史上無類の合理的決断

「昭和海軍の人事の失敗」にさきだって、日本を存亡の危地から救った大正時代の海相加藤友三郎（七期）の、海軍史上無類の合理的決断を見ることにする。

加藤友三郎は芸州（広島）藩士加藤七郎兵衛の三男として、文久元年（一八六一）二月二十二日広島で生まれた。子どものころは、「ヒイカチの友公」と言われた。カンシャクもちの小僧というわけである。

明治十三年（一八八〇）十二月十七日、東京築地の海軍兵学校七期三十人中を、高知出身で首席の島村速雄《はやお》につぐ二番で卒業した加藤は、日露戦争二年目の明治三十八年（一九〇五）一月十二日、少将島村の後任として、おなじく少将の連合艦隊参謀長になった。

ちなみに兵学校が広島県江田島に移転したのは、明治二十一年（一八八八）八月一日である。

連合艦隊司令長官は、鹿児島県出身で兵学校期前の東郷平八郎《とうごうへいはちろう》大将であった。

明治三十八年五月二十七日、二十八日、連合艦隊は対馬《つしま》海峡から朝鮮半島東方の鬱陵《うつりょう》島ふきんにかけて、ロシア海軍主力のバルチック艦隊と決戦し、これを撃滅同然に打ち破り、完全な勝利を獲得して、日本を滅亡から救った。

この「日本海海戦」中、長官東郷が先頭に立つ連合艦隊旗艦の戦艦「三笠《みかさ》」（排水量一万五三六二トン、当時では世界最大級）の露天艦橋で、参謀長加藤は、世界的作戦家の先任参謀秋山真之《さねゆき》中佐（十七期）の意見を聞きつつ、沈着冷静に東郷を補佐して、作戦の成功に貢献した。

東郷が五十七歳、加藤が四十四歳、秋山が三十七歳であった。

大正二年（一九一三）十二月一日、海軍中将加藤は、戦艦部隊を主力とする第一艦隊司令長官に就任した。この当時は連合艦隊がなく、第一艦隊が日本海軍の最大戦力部隊であった。

大正三年八月三日、英国がロシア・フランス・ベルギー側に加担してオーストリア側のドイツに宣戦布告し、第一次世界大戦がはじまった。

八月七日、英国が、明治三十五年（一九〇二）一月三十日以来の同盟国日本に対して、東洋のドイツ海上兵力の掃蕩《そうとう》を依頼してきた。日英同盟は、はじめロシアの極東侵略を阻止する目的で締結されたものであった。

好機と判断した大隈重信《しげのぶ》内閣は、勅許を得て、八月二十三日、日本はドイツに宣戦布告した。

日本海軍の第一段作戦は、ドイツ東洋艦隊の根拠地青島《チンタオ》（中国東部の山東半島南岸）攻略とされ、日露戦争以来の一等巡洋艦「磐手《いわて》」（九九〇六トン）以下数十隻の第二艦隊が、陸軍の攻略軍と協同して八月二十七日に攻略戦を開始し、十一月七日、青島のドイツ軍を降伏させた。

それと並行して、海軍の別働隊は、ドイツ領になっている太平洋のマーシャル諸島、カロリン諸島、マリアナ諸島などの島々を、十月半ばまでに占領した。

大正四年八月十日、大隈内閣の内閣改造がおこなわれ、第一艦隊司令長官加藤友三郎は、海相八代《やしろ》六郎中将（八期）のあとを継いで、海相になった。

海相加藤は、日露戦争を勝利にみちびいた海相山本権兵衛《ごんべえ》大将（二期）と、その後任として明治三十九年（一九〇六）一月に海相になった斎藤実《まこと》大将（六期、大正元年〈一九一二〉十月に大将）の意思を継ぎ、八・八艦隊を実現させることを第一の任務とした。

明治四十三年（一九一〇）、海相斎藤中将は前海相山本の方針を継承し、米海軍に勝つ海上兵力として八・八艦隊の建設計画案を議会に提出し、その一部の承認を得た。

日露戦争では、戦艦六隻と一等巡洋艦六隻の六・六艦隊を主力として戦い、ロシア海軍に完勝した。つぎに米海軍と戦わねばならなくなったとき、米海軍に勝つには、新大戦艦八隻と新巡洋戦艦八隻を主力とする八・八艦隊を必要とするという構想であった。隻数が偶然なのは、同型艦二隻で一隊が最小単位だからである。

大正四年八月二十八日、海軍軍令部長の島村と海相加藤が、そろって海軍大将に進級した。島村はまもなく満五十七歳、加藤はこのとき五十四歳六ヵ月であった。つけ加えると、海軍軍令部長の名称は、昭和八年（一九三三）十月一日から、海軍なしの「軍令部総長」に改称される。

島村は加藤の八・八艦隊構想に全面的に同意して、建造すべき艦船の種類、隻数の計画を立案して加藤に提出し、二人はザックバランに協議をかさねた。

ときどき、海軍省と軍令部の若い将校らの間に悶着があったが、加藤と島村が話し合うと、たがいにゆずってすぐ解決がつき、省部間にシコリがのこらずおさまった。

海相 加藤友三郎

大隈内閣は大正五年（一九一六）十月四日に総辞職し、陸軍元帥の寺内正毅《まさたか》内閣が成立した。加藤は海相として留任した。

寺内は長州（現山口県）出身で、山県有朋《ありとも》陸軍元帥、桂太郎陸軍大将につぐ、陸軍の長州閥の頭領である。

八・八艦隊の代表艦「長門」の進水

ドイツが、大正六年（一九一七）二月一日、中立国の船舶でも無警告で撃沈するという、ヤブレカブレの「無制限潜水艦戦」を宣言した。中立国の米国は憤激して、四月六日、英仏など連合国側に加わり、対独戦を開始した。これで連合国側は、兵力・武器弾薬・食糧の不足から解放され、ドイツの敗北が決定的になった。

大正六年六月二十三日に開会された第三十九回議会で、海相加藤が提出した追加軍艦建造費案が可決され、とりあえず戦艦八隻と巡洋戦艦四隻主力の八・四艦隊建設のメドがついた。同年十二月の第四十回議会で、大正九年度以降六ヵ年継続費として三億五十四万円の追加予算が可決されて、海相加藤は八・六艦隊の建設費を得ることができた。

寺内内閣は、大正七年（一九一八）八月三日、「米を安く売れ」という富山県の米騒動から発した全国的な騒動を鎮めることができず、九月二十一日に総辞職した。

八日後の九月二十九日、原敬《たかし》内閣が成立し、加藤友三郎はひきつづき海相に留任した。

原は加藤を、こう評していた。

「会議に出ても決して議論せず、意見もむやみに言わないが、最後にいつも的確な結論をつける油断のならない人物」

見識、洞察力、判断力があるということであろう。

第三代政友会総裁原敬を首相とする内閣は、初の本格的政党内閣であった。政友会は、明治の元老伊藤博文《ひろぶみ》が明治三十三年（一九〇〇）に組織した政党である。

ついにドイツが音《ね》をあげ、大正七年十一月十一日、対ドイツ休戦条約が成立し、大正三年八月以来四年三ヵ月つづいた第一次大戦がようやくおわった。
しかし、戦争にかわって、不況がじわじわ世界中に押しよせてきた。
明くる大正八年（一九一九）六月二十八日、対ドイツ平和条約が調印された。

大正八年十一月九日、八・八艦隊の代表となる新大戦艦「長門《ながと》」が呉海軍工廠で進水した。排水量（重量）三万三八〇〇トン、二十六・六ノット（時速四十九キロ）主砲四十センチ砲（口径）八門、副砲十四センチ砲二十門で、これに対抗できる戦艦は、米国の「メリーランド」だけであった。

翌大正九年（一九二〇）五月三十一日、「長門」と同型の戦艦「陸奥《むつ》」が横須賀海軍工廠《こうしよう》で進水した。

七月の第四十三回議会で、八・八艦隊の予算約七億五千二百万円、のちに大正九年度追加予算として一億六千七百四十万円が通り、加藤友三郎宿願の、米海軍に負けない八・八艦隊が実現することになった。戦艦四、巡洋戦艦四、軽巡十二、駆逐艦三十二、潜水艦二十八、特務艦十八、砲艦五が、新たに大正十六年までに建造されることになったのである。

決定をみた八・八艦隊主力は、つぎのようなものになる予定であった。

第一線部隊（艦齢八年以内）

戦艦八隻（「長門」「陸奥」「加賀」「土佐」「紀伊」「尾張」「十一号」「十二号」）

巡洋戦艦八隻(「天城《あまぎ》」「赤城《あかぎ》」「高雄」「愛宕《あたご》」「十三号」「十四号」「十五号」「十六号」)
第二線部隊(艦齢八年以上)
戦艦四隻(「扶桑《ふそう》」「山城《やましろ》」「伊勢」「日向《ひゅうが》」)
巡洋戦艦四隻(「金剛」「比叡」「榛名《はるな》」「霧島」)

加藤の百万の味方、島村速雄

大正九年十二月一日、島村速雄は六年七ヵ月余つとめて任務を十分に果たした軍令部長の職を退いて、無任所の軍事参議官になった。

島村のあとを継いだのは、元軍令部作戦班長、軍令部次長、第一艦隊兼連合艦隊司令長官の人格者山下源太郎《げんたろう》大将(十期)で、島村と海相加藤の意見が一致した人事であった。

軍事参議官は、日常海軍省に出勤しないが、島村は毎週三回出勤し、軍令部長室で書類に目を通させてもらい、海軍大臣室で加藤と話し合って、帰宅した。

このころ、大戦景気は下落し、各国とも不況と経済恐慌に苦慮していた。

大正十年度の日本海軍の予算は国家歳出の三十二パーセントにもふくれあがり、従来一貫して海軍拡張を主張してきた時事新報さえも、海軍縮小論に一変したほどであった。

大正十年(一九二一)になり、英国の提案、米国の主唱で、海軍軍備制限と東洋の諸問題解決を議論として、米英日仏伊五ヵ国の代表がワシントンに参集し、会議をひらくことになった。各国とも、国家財政に重圧を加えている軍事費の縮小をのぞんだのである。

日本では、首相原敬が信任する海相加藤友三郎が首席全権となり、駐米大使幣原喜重郎《しではらきじゅうろう》、貴族院議長徳川家達《いえさと》、外務次官埴原正直《はにはらまさなお》らが全権となって、会議に参加することが決定された。

原内閣が全権団にあたえた訓令の要点は、

「米国との親善関係を保持することにとくに重きをおき、会議においてもその親善関係をますます強固にする結果をもたらすように尽力すること。

米英と親善関係を促進維持する主旨に適合した保有兵力量（合計トン数）を維持し、現に実行進捗中の軍拡計画にこだわることなく、情況に応じてこれを低減してもさしつかえない。

海軍兵力の必要保有量は、ぜったいに対米七割以上とすること」

というもので、「対米七割」は、進攻してくる米艦隊に対抗できる最低兵力と、日本海軍が判断した比率である。

原内閣は、大正四年に大隈内閣が中国につきつけた弱肉強食主義の強欲な「日支条約二十一ヵ条」と、大正七年八月から日本陸軍が強行した帝国主義的「シベリア出兵」から発生した日本の軍国主義・帝国主義に対する米英仏などの疑惑、不信を、できるかぎり解消したかったようである。

全権団のほかに、海軍側随員として、元連合艦隊旗艦「三笠」砲術長・巡洋戦艦「比叡《ひえい》」艦長・現海軍大学校校長の加藤寛治《ひろはる》中将（十八期）と、山梨勝之進（二十五期）・野村吉三《きちさぶ》郎《ろう》（二十六期）・末次信正《すえつぐのぶまさ》（二十七期）・永野修身《おさみ》（二十八期）の四大佐、および堀悌吉《ていきち》中佐（三十二期）らが派遣されることになった。

出発まえ、海相加藤は、兵学校同期、前軍令部長の島村と、ワシントン会議（海軍軍縮）について種々意見をかわした。

島村は、明治二十四年（一八九一）、海軍大尉での英国駐在をおわって帰国するころから、日露戦争時の連合艦隊先任参謀秋山真之の兄で、現陸軍大将の秋山好古《よしふる》と竹馬の友（愛媛県松山市での）である元外務省官僚・駐ロシア日本大使・松山市長という経歴の加藤恒忠と知己であった。東京に社交倶楽部の日本倶楽部が創立されたときは二人とも創立員で、島村は東京勤務のとき、しばしば日本倶楽部にゆき、加藤恒忠と会うことが多かった。

島村が大正十二年（一九二三）一月八日に死去したとき、加藤恒忠は、

「島村さんは平和主義を重んずる軍人で、戦争は避けることができるかぎり避けねばならないということを持論にしていた。一本調子ではなく、諸方面の人と交際し、社会についての知識を豊富にすることにつとめていた」と語っている。

日本倶楽部には、検事、判事をのぞいて、各界の知名人が入会していたので、島村は彼らから知識を得るとともに、海軍を理解してもらっていた。

ワシントン会議当時は、ひんぱんに日本倶楽部に出かけて、各界の人物と話し合った。首席全権の加藤がワシントン会議で全力を尽くしているとき、島村は東京で、日本と日本海軍のために努力していたのである。

島村はいつも、

「海軍部内だけの交際では人間がせまくなっていかん」と述懐していた。

加藤友三郎にとって、島村は百万の味方であったにちがいない。

満場の喝采をうけた首席全権加藤の演説

米国第二十九代大統領ウォーレン・ハーディングが提唱したワシントン会議（海軍軍縮会議）は、大正十年（一九二一）十一月十一日、ワシントンのコンチネンタル・メモリアル・ホールで開会された。

日本以外のワシントン会議参加国の首席全権は、米国がヒューズ国務長官、英国がバルフォア外相、フランスがブリアン首相、イタリアがシャンツェル蔵相であった。


議長になった米国の首席全権ヒューズは、冒頭に、

「軍縮は主力艦（戦艦）を中心にするもので、主力艦は未完成建造中のもの、計画中のものぜんぶを廃棄し、おおむね現有兵力量（合計トン数）を規準として保有量比率を定め、旧式艦はぜんぶ廃棄する」

という要旨の具体案を提示した。


これに対しては、各国とも異論がなかった。加藤全権は、

「主義においてこの原案を承認し、よろこんで徹底的な海軍縮小に同意する」

と演説して、満場の喝采をうけた。

しかし、米国が提示した「主力艦（戦艦）の保有量比率を、米五、英五、日三、仏一・七五、伊一・七五とする」という比率に対しては、加藤は承認できず、日本は三・五（対米七割）を要求すると主張した。

日本の海軍側随員のなかでは、首席随員の加藤寛治と、軍令部第一班第一（作戦）課長末次信正が、対米六割は絶対不可、対米七割をあくまで獲得せよと、強硬にまくしたてていた。あらゆることを検討し、なっとくできる結論を得て、会議を成立させたいとのぞむ加藤友三郎は、最後には激して、加藤寛治を、

「君ももう中将なのだから、もうすこし考えて、末次なんかを押さえなきゃだめだ」

と、きびしくたしなめた。

寛治は、人格・見識ともに格上の先輩に対して、その場ではだまった。しかし心中では、反対の執念を燃やしていた。

福井県出身の加藤寛治は、安政の大獄で刑死した福井藩の英才橋本左内に傾倒していると言うが、軍事力第一主義者であった。

加藤寛治は秋山真之の一期後の十八期六十一人中の首席で兵学校を卒業し、明治三十七年（一九〇四）八月十日の黄海海戦時は少佐で、司令長官東郷が乗る連合艦隊旗艦「三笠」の砲術長であった。

東郷を尊敬する加藤は、東郷が日本海海戦でロシア艦隊を撃滅同然に打ち破ったように、自分も米艦隊を撃滅して名将と謳《うた》われるようになりたいと念願していた。

加藤は東郷の許《もと》にかよい、東郷も自分の後継者になりたいという加藤に目をかけた。

主席全権加藤友三郎は、しばらくは対米七割を主張しつづけた。しかし、米国は容認しなかった。

十二月六日、英国全権バルフォアが、日本が米国の六割を受諾する代償として、米国がマリアナ諸島の米領グアム島とフィリピンの海軍根拠地の現状維持を厳守し、強化拡充はしないという条件を提案した。

1921年11月、ワシントン軍縮会議第一日目の光景

加藤友三郎は、それに加えて廃艦リストに載っている戦艦「陸奥」を復活させることを条件にして、六割の比率を受諾することを決意し、その旨を政府に請訓した。

十二月十一日、原内閣から承認の回訓がとどき、翌十二日、加藤は米国のヒューズ、英国のバルフォアと三者会談をおこない、正式に二つの代償条件をつけることで比率六割を承認するとつたえた。

十二月十四日、三者会談の席で、太平洋における各国要塞および海軍根拠地の現状維持と、日本の「陸奥」復活が正式に決定された。そのかわり日本は、英米両国がそれぞれ戦艦二隻を増加することを承認した。

翌十五日、主力艦に関する正式協定が発表された。

「主力艦の最大保有量は、米英の各五十二万五千トン、日本の三十一万五千トンとすること」で、比率にすれば、米英がそれぞれ五、日本が三ということである。

ついで、仏伊の主力艦保有量が、原案どおり、各十七万五千トンと決定された。

この決定に、全権の徳川、幣原、埴原は異議なかったが、海軍側随員中の加藤寛治と末次信正は、

「対米七割を確保できなかったのは、屈辱的屈服である」

と憤激して、承服しなかった。

十二月二十八日から、補助艦制限の審議に入り、航空母艦（空母）の保有量が、米英それぞれ十三万五千トン、日本八万トン、仏伊それぞれ六万トンと決定された。米英日の比率は、米英各五、日二・九六二である。

巡洋艦、駆逐艦、潜水艦などの制限については、後年の再討議という結論になった。

これらの協約は、大正十一年（一九二二）二月六日、正式に条約として調印された。発効は八月十七日、有効期限は一九三六年（のちの昭和十一年）十二月三十一日までとされた。

これとともに、つぎの四つの重要な決定も調印された。

「一は、日本、英国、米国、フランス、イタリア、オランダ、ベルギー、ポルトガル、中国による九ヵ国条約がむすばれ、太平洋と極東に領土をもつ各国は、中国の独立と領土保

全を約束し、中国の門戸開放政策を尊重することを誓った。
二は、日英米仏間に四国条結がむすばれ、四国は太平洋にもつ属領の権利を相互に尊重することを約束した。
三は、明治三十五年（一九〇二）一月以来の日英同盟を廃止した。
四は、日本が満蒙投資優先権の放棄を声明し、ベルサイユ条約で獲得した山東省権益の中国返還を承認した」

主力艦・空母の五・五・三の比率と、この四つ決定は、この当時の米英と日本の実力を示すものだろうが、日本が不当にあつかわれたといえるものでもなかった。

軍縮について首席全権で海相の加藤友三郎は、海軍次官井出謙治中将（十六期）あてに、自分の所信を明確にのべた文書を送った。加藤の口述を筆記したのはもっとも若い随員の堀悌吉《ていきち》中佐で、加藤寛治もそこに同席した。読みやすく書きなおす。

「国防は軍人の専有物ではない。戦争も軍人だけでできるものではない。国家総動員で当たらなければ目的を達することはできない。一方で軍備をととのえると同時に、民間工業力を発達させ、貿易を奨励し、真に国力を充実させなければ、どれほど軍備が充実していても、活用することができない。ひらたく言えば、金がなければ戦争ができないということである。

かりに軍備は米国に拮抗《きっこう》する力があっても、日露戦争のときのような少額の金（約二十億円）では戦争はできない。ではその金はどこから借りることができるかといえば、米国以外に日本の外債に応じられる国は見あたらない。その米国が敵であるとすれば、この途《みち》はふさがれるから、日本は自分で軍資金をつくり出さなければならない。

だから日本は、米国との戦争を避ける必要がある。

わたしは米国の提案に対して、主義として賛成しなければならないと考えた。仮りにこれまでどおり建艦競争をつづけるとどうなるか、英国はとうてい大海軍を拡張する力はないだろうが、相当なことはかならずやるだろう。米国の世論は軍備拡張に反対しても、いちどその必要を感じたばあいは、どれほどのことでもなしとげる実力がある。

日本では、八八艦隊が大正十六年（一九二七）度に完成する予定である。米国の三年計画は大正十三年に完成する。その大正十三年から十六年に至る三年間に、日本が新艦建造をつづけているのに、米国がなんの新計画もしないで、日本の新艦建造をだまって見ているということはありえないし、かならずさらに新計画を立てるにちがいない。

そうとすれば、日本の八八艦隊計画でさえ、これをなしとげることに財政上の大困難を感じているのだから、米国が思うとおりに拡張すれば、それに追いつく拡張などはできるわけがない。

大正十六年以降では、八八艦隊の補充計画を実行する（艦齢八年を過ぎた艦は第二線部隊に編入し、それにかわる新艦を第一線部隊に補充する）ことさえ困難であろうと思う。こうっては、日米間の海軍差はますます増大するばかりで、日本は米国から脅迫をうけることになる。

米国提案の十・十・六（五・五・三とおなじ）は不満足だが、しかし、もしこの軍備制限が完成しないばあいを想像すれば、むしろ十・十・六でがまんするほうが、結果において得策といえるのではないか」（『旧海軍記録文書』参照）

というもので、これはまさしく「対米不戦論」である。

一年半まえぐらいまでの加藤は、対米戦にそなえて八・八艦隊の完成に全力を尽くしていたのだが、その後の世界と国内情勢の変化を見ているうちに、日本にふさわしい現実的合理的な国防理念は以上のようなものだと確信するにいたったのである。

対米六割が決定されたあと、加藤友三郎は、随員のひとりで前海軍省軍務局第一課長の山梨勝之進大佐（二十五期）を先に帰国させ、元帥東郷平八郎（大正二年四月、昇格）に経過を報告させた。

東郷は、かつて自分の参謀長であった加藤友三郎の理にかなった処置と、自分へのすばやい報告を評価して、山梨に、

「軍備に制限はあっても、訓練に制限はない」

と、反対ではない見解をのべた。

しかし、なにはともあれ、東郷が加藤の処置に反対しなかったために、ワシントン海軍軍縮条約は、無事に批准《ひじゅん》されることになった。

帰国した加藤寛治は、すぐ東郷を訪ね、対米七割を達成できなかったことを涙を流して詫び、それに加えて、加藤友三郎、徳川家達《いえさと》ら全権団が軟弱であったと訴えた。

東郷は動かず、寛治をなだめ、彼にもまた、

「訓練に制限はない」

と言って激励した。

ワシントン会議に精根を尽くした加藤友三郎は、大正十一年三月十日、横浜港に帰ってきた。桟橋には海軍次官井出謙治（のちに大将）、横須賀鎮守府司令長官財部彪《たからべたけし》（大将、十五期、元海相・首相山本権兵衛の娘婿、のちに海相）、軍令部長山下源太郎、同次長安保清種《あぼきよかず》（中将・十八期、のちに大将、海相）らにまじって、軍事参議官で長老格の島村速雄も出迎えた。

ついで東京芝の水交社（海軍士官集会所）で、海軍首脳らによる加藤首席全権歓迎会がひらかれ、島村、山下、財部らが加藤に対し、心をこめて乾杯した。

加藤はまっさきに、元帥東郷平八郎に挨拶した。

「ご心配をおかけいたしました。おかげでなんとかやってまいりました」

東郷は機嫌よく笑みをうかべた。

「ご苦労でした。ようやってくれました」

東郷の加藤や島村に対する信頼は絶大だったようである。

死後も日本を救いつづけた功績

原敬首相が大正十年十一月四日、東京駅構内で、国家主義的な十九歳の大塚駅員中岡艮一《こんいち》に短刀で胸を刺されて暗殺された。

蔵相の高橋是清《これきよ》を首相とする内閣が成立したが、内紛がつづき、大正十一年六月六日、閣内不一致の理由で総辞職した。

六月十二日、政友会の応援をうけた加藤友三郎内閣が成立した。陸相は、原内閣時代の大正十年六月、田中義一にかわって陸相になった陸軍大将山梨半造（十年十二月大将）が留任し、海相は加藤の兼務であった。

首相加藤は、国際協調と日本財政を重視する方針を具体化する一つとして、六月二十四日、本年十月をもってシベリアからの撤兵を断行するという声明を発表した。

大正十一年十月二十五日、北樺太《からふと》（現北部サハリン）をのこして、シベリアからの全面撤兵が終了した。この当時南樺太は、日露戦争後から日本領となっていた。

大正十二年（一九二三）三月末ごろから、首相加藤友三郎の大腸ガンの悪化がめだちはじめ、五月十五日、加藤は横鎮長官の財部を専任海相として入閣させた。

しかし、もはや手の打ちようがなく、八月二十五日正午すぎ、加藤は危篤におちいり、午後零時三十五分、息をひきとった。六十二歳であった。

島村速雄は、この年一月八日、脳血栓のため、六十四歳で死去していた。

島村、加藤の両人はともに死の直前、元帥に昇格され、正二位を授与されたが、それはまぎれもなく、功績どおりの栄典であった。

加藤がワシントン会議で示した「対米不戦」の理念と、シベリアからの撤兵断行は、「負けるが勝ち」ではあるが、連合艦隊が日露戦争でロシア艦隊に完勝したこととならべて、日本海軍の誇りとすべきものであろう。

島村は用兵作戦を担当する海軍軍令の雄、加藤は海軍軍政の雄だが、この二人が車の両輪となっていたときの日本海軍は、空前絶後に柔軟で調和のとれた合理主義海軍になっていた。

なお、加藤は死んだが、加藤の打った手は、さらに日本を救いつづけた。

ワシントン条約（海軍軍縮）が成立したために、大正十年度から国家予算の三十二パーセントにもふくれあがった海軍予算が、大正十三年（一九二四）度からは十五パーセント台に減り、国家財政が破綻をまぬかれた。

尼港《に》（ニコライエフスク）事件の賠償を取るために北樺太にのこした日本軍の撤兵は、大正十四年（一九二五）五月に完了した。

この撤兵によって、日本は、とっくの昔に撤兵をおわっている米、英、仏、中国をはじめ、世界各国の日本に対する疑惑、不信をかなり解消し、戦費の浪費による日本財政のいっそうの悪化をも防いだのである。

だが、島村、加藤が死去してしまうと、日本海軍に確立されようとしていた合理的な「対米不戦」の方針が強固な支えをうしない、老化がすすんだ元帥東郷をかつぐ加藤寛治、末次信正をはじめとする軍事力第一主義の対米英強硬派によって、くつがえされることになる。

第3章　軍令部長加藤寛治、次長末次信正の反政府政治活動

「軍縮会議を決裂させては日本が困る」という天皇の意向

ロンドン会議の開会式が、一九三〇年（昭和五年）一月二十一日、英国王ジョージ五世が臨席して、上院のロイヤル・ギャラリーでおこなわれた。会議場はセント・ジェームズ宮になる。

会議参加国の日英米仏伊五ヵ国が、ワシントン会議でのこった大型（重）巡洋艦、軽巡洋艦、駆逐艦、潜水艦など補助艦の保有量（トン数）制限を協定しようというのである。

日本の全権は元首相若槻《わかつき》礼次郎、海相財部《たからべ》彪《たけし》海軍大将（十五期）、駐英大使松平恒雄《つねお》、駐ベルギー大使永井松三の四人で、全権顧問が安保《あぼ》清種《きよかず》海軍大将（十八期）ほか三名、首席随員が左近司《さこんじ》政三《せいぞう》海軍中将（二十八期）である。

英国全権は首相マクドナルド、外相ヘンダーソン、海相アレキサンダー、米国全権は国務長官スチムソン、海軍長官アダムス、駐英大使ドーズなど、フランスは首相タルジュほか、

イタリアは外相グランジほかである。

日本全権団は、日本出発まえ、首相浜口雄幸《おさち》（民政党）から、昭和四年十一月二十六日の閣議で決定された「三大原則」を貫徹するようにと訓令をうけた。要点は、

「一、補助艦保有量の比率は、米国に対してすくなくとも七割とすること

二、八インチ（口径二十センチ）砲搭載の大型巡洋艦においては、とくに対米七割とすること

三、潜水艦は昭和六年度末のわが現有量を保有すること」

というもので、昭和六年度末の潜水艦現有量は七十一隻、七万八五〇〇トンである。

この三大原則をつくったのは、当時海軍軍令部長になっていた大将加藤寛治《ひろはる》と、同次長の中将末次信正《すえつぐのぶまさ》である。二人はワシントン会議以前から、軍事力第一主義・対米英強硬派の代表で、ロンドン会議で三大原則が認められなければ、会議は決裂した方がいいと公言していた。

加藤は二月五日に、全権顧問としてロンドンに滞在している兵学校同期の安保清種（日本海海戦時は少佐の連合艦隊旗艦「三笠」砲術長、大正九年〈一九二〇〉十二月中将の軍令部次長、十三年六月海軍次官、昭和二年〈一九二七〉四月大将・横須賀鎮守府司令長官）に、つぎのような意味の手紙を出している。

「……これまでに若槻全権などが強硬に理義公明正大な主張を明らかにしたあげく、譲歩するようなことがあっては、米国の瀬踏みに落第したとおなじで、米国の日本蔑視はいよい

よ大となり、満州（現中国東北地区）問題などではかえって高圧的態度に出るだろう（米国は満州地域の門戸開放、機会均等を要求していた。日本はこの地域の権益を独占しようとしていた）し、いまはもはや海軍の問題ではなくて、国家の威信、信用の問題となった。……譲歩はぜったいに日本のためにならないと信ずることが、日々加わっています」

三月十五日午前、ロンドンの若槻ら四全権連名の請訓電が外務省にとどいた。

「米国にこれ以上の譲歩をさせることは困難と認める」

というまえがきで、条件は、

「一　補助艦全体の対米英比率を六割九分七厘《りん》とする。

二　大型巡洋艦は六割二分。ただし米国は一九三五年（昭和十年）までは建艦を加減して、日本の対米比率を七割とする。

三　潜水艦保有量は日米英とも五万二〇〇〇トンとする」

というものであった。

三大原則は「総トン数で対米七割、大巡も対米七

ロンドン軍縮会議全権送別会にて——左より安保清種、幣原喜重郎、財部彪、小橋一太、浜口雄幸、若槻礼次郎

割、潜水艦は七万八五〇〇トン」だから、実質的にはそれよりかなり下まわる。

しかし、国際協調主義を基本理念としてきた外相幣原喜重郎《しではらきじゅうろう》は、この日米妥協案を受諾した方がよいと主張した。

首相浜口も、世界的大不況に当面して、緊縮財政と強調外交を公約しているので、それに同意した。

ニューヨークの株式取引所で株価の大暴落が起こったのは、前年の昭和四年（一九二九）十月二十三日で、ここから世界的大恐慌がはじまった。

工業生産、貿易が激減し、農民の負債は激増し、都市では失業者が続出していた。

浜口、幣原らは、日本経済を救うために、すこしでも軍縮量を増加させてロンドン会議を妥結させたいとのぞんだのである。

元老の西園寺《さいおんじ》公望《きんもち》、内大臣の牧野伸顕《のぶあき》、侍従長の予備役海軍大将鈴木貫太郎《かんたろう》らも、浜口、幣原に賛意をしめした。それは、昭和天皇も同意ということであった。

嘉永《かえい》二年（一八四九）京都生まれの西園寺は、明治三十六年（一九〇三）伊藤博文のあとを継いで政党の政友会総裁となり、明治三十九年第一次西園寺内閣を組織し、明治四十四年第二次内閣を組織した。大正八年（一九一九）、第一次世界大戦の始末をつけるベルサイユ（講和）会議には首席全権として出席し、そののちは元老として内閣首班（首相）の推薦に任じ、立憲政治を支持して、政党の健全な発達に尽力してきた。

文久元年（一八六一）鹿児島生まれの牧野は、明治維新の元勲のひとり大久保利通《としみち》の二男で、太平洋戦争終戦後の首相吉田茂の舅《しゅうと》である。明治三十九年第一次西園寺内閣の文相、大正二年（一九一三）山本権兵衛《ごんべえ》（海軍大将）内閣の外相、大正八年ベルサイユ会議の次席全権をへて、大正十四年（一九二五）内大臣となった。内大臣は天皇の側近につかえ、皇室・国家の事務に関して天皇を補弼《ほひつ》する。

慶応三年（一八六七）十二月、大阪に生まれ、千葉県にうつった鈴木貫太郎は、明治二十年（一八八七）七月、海兵十四期四十四人中を十三番で卒業した。明治二十八年（一八九五）二月、日清戦争末期の威海衛《いかいえい》（中国山東半島先端）夜襲時は、大尉の勇敢な水雷艇艇長で、「鬼貫太郎」とうたわれた。明治三十八年五月、日本海海戦中の夜襲時は、中佐の沈着大胆な第四駆逐隊司令で、ロシア戦艦二隻を撃沈する大戦果をあげた。

大正三年（一九一四）四月少将の海軍次官、大正十二年（一九二三）八月海軍大将の呉鎮守府司令長官、十三年一月連合艦隊司令長官、十四年四月軍令部長と、要職をつとめた。

昭和四年（一九二九）一月、誠実な人格と国際的な見識をみこまれて、予備役に退《ひ》かされ、侍従長に任命された。侍従長は天皇の側近のことや内廷にある皇族のことなどをつかさどる侍従職の長である。

前海軍大臣、現軍事参議官の大将岡田啓介（十五期）は、内大臣牧野から、

「日本のために会議が決裂しては困る」

といわれ、天皇の意向と察して、条約のまとめ役になる肚《はら》をかためた。

明治元年（一八六八）一月、福井に生まれた岡田は兵学校で三期後輩の加藤寛治とおなじ

く橋本左内を尊敬しているが、対米英強硬派ではなく、軍縮派というほどでもなく、現実主義の常識で両派をまとめようと考えた。

財部と兵学校同期の岡田は、明治二十二年（一八八九）四月、十五期八十人中の二十三番で兵学校を卒業し、三十八年五月の日本海海戦時は、中佐の装甲巡洋艦「春日《かすが》」副長であった。

大正十二年（一九二三）五月中将の海軍次官（このときの海相は、すでに大正八年十一月に大将に進級していた財部）、大正十三年六月大将・無任所の軍事参議官、同年十二月連合艦隊司令長官、十五年（一九二六）十二月横須賀鎮守府司令長官、昭和二年（一九二七）四月海相となり、昭和四年七月軍事参議官にもどった。

ロンドン会議に対する岡田の常識とは、つぎのようなものであった。

「三大原則をつっぱり、政府と海軍が大衝突し、政府をテンプクさせるようなことになったら一大事だ。

日米妥協案（全権団が三月十五日に送ってきた請訓電にある条件）でも国防はやりようがないこともない。米英を相手に戦うべからずとはきめつけないが、なんといっても戦うだけの支度は、いくらがんばっても国力の劣る日本にはできない。できないなら、なるべく楽にしていた方がいい。日本も米国も、どっちも頭が押さえられていれば、こっちにも、自然に対抗できる別の方法が考えられる。

加藤友三郎さんはえらい。

ワシントン会議で五・五・三の比率がかんたんにまとまって、問題が起こらなかったのは、やっぱり加藤さんがえらかったからだ。なんというか、たいへん大きいところのある中庸の人だ。おれは加藤さんの弟子になろう。

強硬派に対しては、あるときは賛成しているかのようになるほどとうなずきながら、まあまあうまくやってゆく。

軍縮派に対しては強硬めいた意見をいったりする。

要するに、みんな常識人なんだから、その常識が俺の足がかりだ。いくら激している人間にも常識的な一面はある。そこを相手にしよう。狂人だったら逃げるだけだ」

岡田貞寛《さだひろ》（岡田啓介の二男、元海軍主計少佐）編『岡田啓介回顧録』（毎日新聞社刊）のあとがきには、

「……今も時おり、痛烈な人物評論をおこなうが、そのなかから察せられるのは、翁《おう》（岡田）の尊敬しているのが西園寺公望と加藤友三郎、特に信を置いているのが米内光政、そして今も昔も変わりなく、一貫して翁の心に流れているのは天皇（昭和）に対する敬愛である」

と書かれている。

しかし、岡田とちがって、軍令部長加藤寛治と次長末次信正は、全権団の請訓電にある日米妥協案にまっこうから反対した。

加藤は三月十六日、新宿角筈《つのはず》の私宅に岡田を訪ね、

「最後は、あるいは請訓のようなところになるかもしれないが、八インチ巡洋艦（二十セン

チ砲搭載の大巡）と潜水艦はゆずりがたい。なおひと押ししなければならない」と強調した。岡田は同意した。

翌十七日、かわって訪ねてきた海軍次官山梨勝之進中将には、岡田はこう言った。

「やむをえないばあい、最後にはこのままをまる呑みにするよりしかたがない。保有量がこのていどならば、国防はやりようがある。
決裂させてはならない。ただし、なおひと押しもふた押しもすべきだ。
また、海軍大臣（ロンドンの財部）の意見がどういうものか、電報で問い合わせをする必要がある」

軍紀紊乱の下剋上行為に突っ走る末次信正

ところが軍令部次長末次は、この日独断で、日本中が「えーっ」とおどろく声明文をつくり、「海軍当局の声明」と偽称して、各紙の夕刊に掲載させた。

「日米妥協案は米国の単に数字的譲歩であり、あくまで日本を六割で縛ってしまうというものにほかならない。わが海軍としては、かかる提案はとうてい承認しえない」

これは、軍人に厳禁されている政治的謀略で、加藤友三郎が海相ならば、末次はたちどころに軍令部次長をクビにされたにちがいない軍紀紊乱《びんらん》の下剋上《げこくじょう》行為であった。

しかしいまは、加藤友三郎のような決断力と統率力のある大海相はいない。

いま末次の背後にいるのは、闘志満々の軍令部長加藤寛治と、加藤と同意見で海軍部内では不可侵の権威をもつ元帥東郷平八郎、および皇族大将の軍事参議官伏見宮博恭《ふしみのみやひろやす》王（ドイツの海軍兵学校・海軍大学校卒業で、日本の海兵二十期相当）である。

そういうことを考えた末次は、海相財部彪はじめ、海相事務管理（臨時海相代行）の首相浜口雄幸、海軍次官山梨らを見くびり、反逆行為に走ったのであろう。

山口県出身の末次信正は、明治十三年（一八八〇）六月生まれで、明治三十二年（一八九九）十二月、二十七期百十三人中の五十番で兵学校を卒業し、明治四十二年（一九〇九）十一月、海軍大学校甲種学生七期十三人中を首席で卒業して、砲術将校になった。甲種学生は海軍の高級幹部候補で、高等用兵（軍隊の用法）と軍政（軍事上の政務）を学ぶものである。大正八年（一九一九）八月大佐の軍令部第一班（後年の第一部）第一課長（作戦担当）、大正十年九月ワシントン会議海軍側随員、同十一年十二月軍令部第一班長心得に就任した。一班長は少将職である。

一班長心得のとき、末次は対米戦略を立案し、海軍部内で称讃された。


西進してくる米艦隊に対して、途上で潜水艦、駆逐艦などに襲撃させ、日本近海の決戦場までにその兵力の三割を漸減させ、のこる七割と日本艦隊が決戦して撃滅するという作戦計画案である。


これによって末次は、当時としては対米作戦の第一人者と目《もく》されるようになった。

末次は、大正十四年（一九二五）十二月少将の海軍大学校教官、昭和二年（一九二七）十二月中将の海軍省教育局長、昭和三年十二月軍令部次長になった。このときの軍令部長は大将鈴木貫太郎であったが、一ヵ月後の四月一日、大将加藤寛治が軍令部長となり、ワシントン会議での軍事力第一主義・対米英強硬論の二人組が復活した。

軍令部長加藤、次長末次の人事の責任者は、昭和二年四月から四年（一九二九）七月まで海相であった岡田啓介だが、岡田は加藤、末次が、ロンドン会議にさいして大悶着をおこすとは予想できなかったようである。

爆弾を投げつけたような末次の声明文が各紙の夕刊に載ったおなじ三月十七日、加藤寛治はロンドンの海相財部あてに、つぎのような意味の威圧的電報を打った。

「米国が日本に対して総括的に七割（正確には六割九分七厘）をみとめようとするのは、大巡と潜水艦についての日本側の原則的要求を否定しようという老獪《ろうかい》な策略である。内容は依然として米国の主張をおしつけようとするもので、とうてい考慮の余地はないとみられる。

三月十六日に東郷元帥を訪ねたが、元帥も外務省の譲歩的態度には不満で、

『万一わが主張が貫徹せず、会談が決裂に終わることがあっても、曲がりなりにとりまとめて日本に不満の条約をむすぶよりも、国家のためには幸いであろう』と語っていた」

東郷の絶大な権威を利用して、財部に圧力をかけたのである。末次とはちがうが、これが加藤の策である。

明治三年（一八七〇）十一月、福井に生まれた加藤寛治は、明治二十四年（一八九一）七月、十八期六十一人中の首席で海軍兵学校を卒業し、日露戦争中の明治三十七年（一九〇四）三月、少佐の連合艦隊旗艦「三笠」砲術長になり、命中率向上に貢献した。

明治四十二年（一九〇九）五月中佐の英国大使館付武官、大正五年（一九一六）十二月少将の海軍砲術学校長、九年八月海軍大学校長、同年十二月中将、十年九月から十一年三月ワシントン会議海軍側首席随員、十一年五月軍令部次長をへて、大正十二年（一九二三）六月第二艦隊（重巡部隊が主力）司令長官、十三年十二月横須賀鎮守府司令長官、十五年十二月岡田啓介の後任として連合艦隊司令長官、昭和二年四月大将、昭和四年一月軍令部長になった。

加藤寛治が伏見宮博恭《ひろやす》王と親密になったいきさつには、つぎのことがあった。

明治八年（一八七五）十月、伏見宮貞愛《さだなる》親王陸軍中将の第一王子として東京に生まれた博恭王は、明治十八年（一八八五）五月、東京築地の海軍兵学校に十歳で通学しはじめた。当時、加藤寛治は十五歳で兵学校予科の三学年生徒であったが、夏休暇で福井に帰省した帰り、群馬県伊香保温泉地の伏見宮別邸にゆき、博恭王に伺候した。

明治三十七年（一九〇四）八月十日の日露戦争黄海海戦時、加藤寛治は少佐の戦艦「三笠」砲術長、伏見宮は少佐の「三笠」後部三十センチ砲砲塔指揮官の第三分隊長であった。夕刻、その砲塔が爆発して右砲砲身が切断され（公表では敵砲弾が命中したとあるが、自砲弾が砲身内で自爆したらしい）、水兵一人が戦死、将兵十八人が負傷した。伏見宮は右肋骨三本に挫傷を負った。

砲戦がややおとろえたとき、砲術長加藤は艦橋から艦内に下り、下甲板通路に積んだ衣嚢《いのう》の上に寝ている伏見宮を見舞った。

伏見宮を介抱している水兵に、加藤が、

「なぜ軍医官を呼ばぬか」

とせきたてると、伏見宮が、

「軍医は来たが、自分の傷は軽いから、かまわずに重傷者の手当にゆけと言ったのだ」

と制した。

伏見宮と加藤の交流は、築地の兵学校時代にはじまったが、「三笠」時代に親密の度を加えた。

軍令部長 加藤寛治

伏見宮は、明治二十五年(一八九二)四月ドイツの海軍兵学校に入り、二十六年十二月卒業し(日本の海兵二十期相当)、二十七年四月海軍少尉となり、十月ドイツの海軍大学校に入り、翌明治二十八年八月同校を卒業した。
明治四十一年(一九〇八)三月、中佐の伏見宮は英国駐在員としてロンドンに勤務しはじめた。
中佐の加藤寛治は、明治四十二年五月、英国大使館付武官となり、伏見宮といっそう親密になった。
伏見宮は、大正八年(一九一九)十二月中将の第二艦隊(重巡洋艦部隊が主力)司令長官に就任し(中将加藤が同艦隊長官になるのは大正十二年六月)、大正十一年十二月大将、十三年二月佐世保鎮守府司令長官、十四年(一九二五)四月軍事参議官になった。

伏見宮より兵学校で二期上相当の加藤が大将に進級するのは、伏見宮より四年四ヵ月のちの昭和二年（一九二七）四月で、加藤の一期下海兵十九期の百武《ひゃくたけ》三郎と谷口尚真《なおみ》が大将に進級するのは昭和三年四月だから、伏見宮の超特急進級は皇族の特権によるものである。

伏見宮が、昭和天皇の考えとちがい、東郷、加藤、末次らの軍事力第一主義・対米英強硬論に同意するようになったのは、経歴が東郷、加藤、末次らとおなじく軍令系統で、艦隊勤務が多く、なによりも「強い海軍」へののぞみが強くなったことと、ドイツの海軍兵学校、海軍大学校に入って知識がかたよったことが、おもな原因のようである。

元帥東郷の海相財部に対する怒り

軍事参議官の岡田は、三月二十三日午後一時、軍事参議官の伏見宮を紀尾井《きおい》町（現千代田区）の邸に訪ねた。

「明日、軍事参議官の会合がありますが、わたくしはこのさい、大臣の意見が明らかではないので意見をのべず、経過を聞くだけにとどめたいと思っております」

と岡田がのべると、伏見宮は、

「財部の意志は明瞭だ。彼は出発まえ、わたしに向かい、二度までも、こんどの会議においてはわが三大原則は一歩も退かないと明言した。大臣の意志を問いあわす必要はない。幣原外交は軟弱でいかん。もしこのさい一歩を退いたならば、国家の前途がどうなるか判《わか》らなくなる。いよいよとなったら、わたしは主上（天皇）に申し上げようと決心している」

と、決意のほどをしめした。

岡田は、そんなことをすれば政府が倒れ、ロンドン会議も決裂しかねないと思い、

「政府と海軍が戦うようなことは避けねばなりません」

と諫《いさ》めた。

「それはいずれも重大なことだから（政府と戦うのも戦わないのも）、秤《はかり》にかけて定めなければならぬが、さていずれが重いか、なかなかむずかしいことだ」

伏見宮はそう言って笑った。

伏見宮は五十四歳、岡田は六十二歳である。

伏見宮邸を出た岡田は、元帥東郷を麴町《こうじ》（現千代田区）の質素な自宅に訪ねた。

日清《にっしん》戦争は明治二十七年（一八九四）七月二十五日、朝鮮半島中部西岸の豊島《ほうとう》沖海戦からはじまり、艦長東郷平八郎大佐の軍艦「浪速《なにわ》」（のちの二等巡洋艦）が、清国（中国）陸軍将兵千百人を乗せた英国汽船高陞《こうしょう》号を撃沈して、世界をおどろかせた。海軍少尉岡田啓介は、「浪速」前部十五センチ副砲の指揮官であった。

この当時の東郷を、のちに岡田はこう語っている。

「東郷さんは若いころからイギリスに留学しただけあって、なかなかハイカラだったが、おだやかな人で、小言を言ったことがなく、乗員はみな尊敬していた。とても勉強家で、国際法をよく研究しておられた」

しかし岡田が、伏見宮に言ったこととおなじことを言うと、東郷はおだやかどころか、に

がにがしい顔になった。

「軍縮会議は宣戦布告のない戦争だというのに、財部は物見遊山のようにカカアなどを連れてゆきおった。だから、こういうことしかできん。今回の請訓はぜんぜん話にならん」

とりつくシマもないほどであった。東郷はこのとき、すでに八十三歳であった。

海相財部彪は、岡田より一年早い慶応三年（一八六七）四月宮崎県都城《みやこのじょう》に生まれ、明治二十二年（一八八九）四月、十五期八十人中の二番で海軍兵学校を卒業した。大尉の明治三十年（一八九七）から三十二年にかけて英国留学、駐在となり、少佐の明治三十五年（一九〇二）には七ヵ月間、英国に出張した。三十六年十二月、中佐の軍令部参謀になり、三十七、八年の日露戦争中は大本営海軍部参謀をつとめた。

明治四十一年九月大佐の戦艦「富士」艦長、四十二年十二月少将の海軍次官（海相は斎藤実中将）、大正二年（一九一三）十二月次官の途中で中将（海相斎藤は大正元年十月大将）に進級した。

大正六年（一九一七）十二月中将の舞鶴鎮守府司令長官、七年十二月佐世保鎮守府司令長官、大正八年十一月早くも大将、大正十一年（一九二二）七月横須賀鎮守府司令長官、大正十二年五月加藤友三郎の後任として海相に任命された。

ついで大正十三年六月、加藤高明（憲政会総裁）内閣で二回目の海相、昭和二年（一九二七）四月軍事参議官、そして昭和四年七月、岡田啓介の後任として三回目の海相に就任した。

それにしても、立身出世が速すぎるくらい速かった。財部が海軍大将に進級した大正八年十一月に大将に進級したのは、兵学校十二期の山屋他人《やまやたにん》と有馬良橘《ありまりようきつ》の二人で、十四期の鈴木貫太郎と十五期の竹下勇、小栗孝三郎が大将に進級したのは大正十二年八月だから、財部より三年九ヵ月もおそく、大正十三年六月大将の岡田啓介は四年七ヵ月もおそいのである。

財部の進級のスピードは伏見宮よりはだいぶおそいが、皇族につぐものなので、「財部親王」のアダ名をつけられた。

元帥東郷が「財部は物見遊山のようにカカアなどを連れて……」と言ったカカアとは、明治の大海相山本権兵衛《ごんべえ》大将の長女いねで、三十歳の海軍大尉財部が十七歳の山本いねと結婚したのは、明治三十年（一八九七）五月であった。

財部が特急で昇進し、頂点の大将、海相にまでのぼりつめることができたのは、岳父の山本権兵衛と斎藤実、加藤友三郎らに認められたからか、ひいきされたからかは明らかではないが、海軍部内での財部の信望はかんばしくなかった。

海軍一の権勢家山本権兵衛の女婿となり、実力以上にトントン拍子で破格の出世をしたと見られていたからだが、根本的には、頭はよくても山本権兵衛や加藤友三郎のような偉大さがなかったからであろう。

終始財部を助けかばっていた岡田でも、

「財部は強硬派ばかりでなく軍縮派にもあまり好かれていないのは、つまらぬことだが、細君を会議に連れていったのがけしからんという感情からきている。

東郷元帥に評判が悪かったのも、もっぱらこのためだ。東郷さんはロンドン会議を戦争だと思っておられた。だから、『戦争にカカアを連れてゆくとはなにごとか』とご立腹だった」

と、嘆いていた。

このころ財部の岳父で七十八歳の山本権兵衛退役海軍大将は隠居の身で、公の席には出なくなっていたが、五十一歳の外務次官吉田茂（のちの首相）の訪問をうけ、

「会議はぜひともまとめなければならん。七割といっても相手のある話だから、おたがいに譲《ゆず》らなければだめだ」

と答えていた。

岡田啓介とおなじく六十二歳の侍従長鈴木貫太郎は、元老西園寺の秘書原田熊雄に語った。

「これはどうしてもまとめなければいけません。公爵（西園寺）ときわめて同感です。自分が侍従長でなければ、出ていって加藤を説得するのだが。

陛下の幕僚長である軍令部長は、もっと沈黙を守って自重してくれなければ困る。民衆によびかけて、世論を背景に自分の主張を通そうとするごときは、まことに遺憾だ。

七割でなければだめだというのは凡将の言うことで、軍令部長はあたえられた兵力で、いかにこれをうごかすかというところに軍令部長の所以《ゆえん》がある。

七割でなければだめとか、いまの若い士官は昔とちがう（昔とちがい、なっとくしなければ言うことを聞かない）という風《ふう》なことを言うのはおかしい」

加藤、末次が東郷と伏見宮をだきこみ、海軍部内ばかりか一般社会に日米妥協案反対の宣

伝をして世論を操作し、それを利用して彼らの主張を通そうとしていたことは事実である。

加藤寛治はあくまで浜口内閣案に反対

昭和五年三月二十四日午前九時三十分から、東京霞が関の海相官邸で軍事参議官会議がひらかれた。

元帥東郷（八十三歳）、大将伏見宮（五十四歳）、大将岡田（六十二歳）、以上が軍事参議官、軍令部長大将加藤（五十九歳）、同次長中将末次（四十九歳）、海軍次官中将山梨（五十二歳）、軍務局長少将堀悌吉（四十六歳）が出席して、海軍省から外務省に送った回訓案に、全員が賛成した。

「大巡七割、潜水艦七万八五〇〇トンを、なお一押しも二押しもして、日本の主張を貫徹するようつよく要望する」というものである。

それからまもなく、海相官邸に隣接する海軍省に、ロンドンの海相兼全権財部から電報がとどいた。

「米国から出た妥協案には不満だったが、全権としてその案に署名してしまった。こちらではもう反対できない。そちらでやってほしい」

というたよりない報告であった。

山梨は翌三月二十五日、前日の軍事参議官会議の決議を、六十歳の首相で海軍大臣事務管理（臨時海相代行）浜口に報告した。

「海軍は、日米妥協案をそのまま受諾することはできない」

「政府としては会議の成功をせつに望んでいる。会議の決裂を賭するようなことはできない」

浜口はそう答えて、海軍の再考をうながした。

浜口の意志を知った海軍側は、三月二十六日、省部（海軍省と軍令部）最高幹部会をひらき、五項目の「海軍今後の方針」を決定した。いままでの主張に加え、第五項が、

「もし海軍の方針が政府の容《い》れるところにならないばあいでも、海軍諸機関が政務および軍務の外に出るものでないことはもちろん、政府方針の範囲内で最善を尽くすべきは当然のことである」

という主旨のものであった。日米妥協案に絶対反対の加藤、末次もこれを了承した。

「海軍今後の方針」は、山梨から浜口につたえられた。

三月二十八日午前、岡田は海軍次官山梨を新宿角筈《つのはず》の私宅によんで言った。

「請訓をまる呑みするほかに途《みち》はない。ただその米案の兵力量では不足だから、政府にこの補充を約束させるべきだ。閣議覚書として承認させなければならん。

元帥、参議官会議は、もしこれをひらき、政府に反対ということになれば重大事となる。ひらいてはならん」

この日午後四時、加藤は岡田を私宅に訪ねて力説した。

「ぜひ元帥・参議官会議をひらくべきだ」

東郷、伏見宮の発言によって、政府に反対の決議をさせようとねらったのである。

岡田が反対すると、

「軍令部長として、米国案では国防ができないことを上奏しないわけにはいかない」

と言う。天皇に、浜口がいいか、加藤がいいか決めてもらおうというのである。

岡田はその案にも反対した。浜口と加藤が不一致のままの上奏が、よいわけがないからである。

三月二十九日、岡田は伏見宮邸から電話をうけ、午前九時三十分に邸に着いた。伏見宮は前回とうってかわり、意外にも、

「回訓（浜口首相の）が出るまでは強硬に押せ、しかし決定したら、これに従わなければならない。加藤のように強いばかりでも困る。元帥・参議官会議はひらいてはいかん。この問題は請訓のように決すれば、加藤は辞めると言うだろうが、辞めさせないほうがよいが……」

とおだやかに語った。

「殿下のお考えは、わたくしの考えとまったく一致しております」

と岡田は答えた。

伏見宮の考えが変わったのは、二日まえの三月二十七日、侍従長の鈴木が伏見宮に会い、天皇への進言をやめるように諫《いさ》めたからのようである。

岡田は三月三十一日午後三時、麴町の自宅に東郷を訪ね、二十九日に会った伏見宮の意見

を伝えた。東郷はだまって聞いていた。

岡田が東郷を自宅に訪ねた三月三十一日、鈴木貫太郎は軍令部長加藤を九段《くだん》（現千代田区、靖国神社の周辺）の侍従長官邸によんで、

「明日、君は、兵力量（補助艦の保存量）について総理とちがうことを上奏すると聞いているが、そうしたばあい陛下はどうなさればよいか、よく研究して考えたらどうか」

と忠告した。加藤は、

「よくわかりました。上奏はこれから武官長（侍従武官長奈良武次陸軍大将）のところへ行っておとりさげを願うことにしよう」

と答えた。

四月一日午前八時半、永田町（現千代田区）の首相官邸で、首相浜口、軍令部長加藤、軍事参議官岡田、海軍次官山梨が会談した。浜口は、回訓案の内容について、

「国家の大局から見て協定を成立させることが国家の利益であると判断し、だいたい全権案を骨子として、海軍の専門的意見はできるだけとり入れた。これを諒とせられたい」

と話し、それを三人に示した。

岡田は言った。

「この回訓案を閣議に上程されるのはやむをえない。ただし海軍は、三大原則は捨てません。海軍の事情は閣議の席上、次官に十分のべさせていただきたい。閣議決定のうえは、これに善処するように努力しましょう」

加藤は断言した。

「請訓案には、用兵作戦から同意することはできません。用兵作戦上からは」

浜口は、加藤の発言は、岡田の「ただし海軍は、三大原則は捨てません」ということを強調するものだろうと解釈した。

山梨は浜口に、

「その回訓案は、これより海軍首脳部にはかりたい。閣議上程はそのあとにしていただきたい」

と要請し、浜口から回訓案をうけとった。

会談終了後、霞が関の海相官邸に、艦政本部長小林躋造《せいぞう》中将（二十六期）、軍令部・海軍省出仕《しゅつし》野村吉三郎《きちさぶろう》中将（二十六期、出仕は無任所）、横須賀鎮守府司令長官大角岑生《おおすみみねお》中将（二十四期）、軍令部次長末次（二十七期）、海軍省軍務局長堀悌吉少将（三十二期）、加藤（十八期）、山梨（二十五期）、岡田（十五期）があつまり、回訓案を検討し、三ヵ所を修正した。

午前十時ごろ、加藤が岡田に言った。

「今日上奏を宮中に願っておいた（奈良侍従武官長に）が、側近者の阻止に会うおそれがある。侍従長にその辺の消息を聞きあわせてもらえませんか」

岡田は十時三十分に侍従長官邸にゆき、鈴木に問いただした。鈴木は、

「今日はご日程がいっぱいだから、あるいはむずかしいかもしれないが、上奏を阻止するなどのことはありませんよ」

と答えた。岡田は海軍省ビルにもどり、加藤にそれをつたえた。

十二時まえ、山梨は首相官邸にゆき、浜口と外相幣原に会い、回訓案に対する三ヵ所の修正をもとめた。

一点は幣原の説明で山梨が了解し、あとの二点は浜口、幣原とも承認した。

浜口、幣原、山梨は、ただちに閣議室に入り、閣議では全員一致で回訓案を可決した。

山梨が、ロンドン協定に関係のない、航空隊そのほかの充実、実力向上などに関して考慮をもとむという覚書を提出して、説明すると、これも全員同意した。

浜口は午後三時四十五分に参内し、昭和天皇にこれまでの経過と回訓内容を説明して、允《いん》裁《さい》を得た。

こうして、ロンドンの全権に対して、訓電が送信された。

この四月一日、山梨は元帥東郷を麴町の自宅に訪ね、回訓決定までの委細を説明した。

東郷は淡々と答えた。

「いったん決定せられた以上は、それでやらなければいかん。いまさらかれこれ言う筋合いではない」

軍令部長加藤は、昭和五年四月二日午前十時半、昭和天皇に、

「……今回の米国提案（日米妥協案）はもちろん、その他日本の主張する兵力量および比率を実質上低下させるような協定の成立は、大正十二年（一九二三）にご裁定あらせられた国防方針にもとづく作戦計画に重大な変更をきたしますから、慎重審議を要するものと信じま

す」という要旨の上奏をした。

これで軍令部を中心とする海軍の反対運動もおさまったかのようであった。

昭和天皇は、三年七ヵ月ほどののち昭和八年(一九三三)十一月九日午前十時、侍従武官長本庄繁《ほんじょうしげる》陸軍大将(昭和八年四月、奈良にかわって就任)に、回訓決定までの経過について、語った。

「ロンドン会議当時のことだが、こういうことがあった。財部がロンドンに到着するまえ、あまり露骨に日本の主張を宣伝しすぎたため、あのような結果になり、国民が失望した。加藤軍令部長が、政府の回訓案にサインしながら、あとになり軍令部の意向は政府の意向に同意するあたわずと主張し、いっそう世論を騒がせたのは遺憾である。上奏阻止云々が伝えられた(加藤が四月一日、浜口より早く上奏しようとしたが、鈴木侍従長に阻止されたというウワサ)が、これは侍従長が官邸において、加藤に手続きの異なることを注意した(軍部の上奏に侍従長は関係がなく、また首相と軍令部長が反対のことを上奏するのは理にかなっていないのではないかと)もので、当時加藤は敢《あ》えて反対もせず、了解して別れたとのことだ。これらをあとでやかましく言うのは適当ではない」(『本庄日記』)

第４章　ガン発生のような「統帥権干犯《とうすいけんかんぱん》」事件

軍紀紊乱の末次をかばう加藤

首相兼海相代行の浜口雄幸が、海軍政務次官矢吹省三（男爵）と軍令部次長末次信正を首相官邸によびつけたのは、回訓の電報を打った翌日の四月二日であった。浜口は、「すでに回訓を出した今日、これに善処するよう努力してもらいたい」と、末次に自重をうながした。

「さきに不謹慎な意見を発表した（三月十七日の各紙夕刊に）ことは、まったく自分一個の独断的行為で、まことに申しわけありません。自分としては謹慎すべきでありますが、目下、事務多端のため毎日出勤しております。なにとぞしかるべき処分をお願いいたします」

末次は直立不動の姿勢で答えた。

浜口は海相代行なので、軍紀紊乱者を処罰する権限を持っているのである。

ところが三日後の四月五日、末次は貴族院議員の会合に出かけてゆき、議員らに、「対米七割でなければダメ」という強硬な前提で、秘密のことまでべらべら話した。議員のひとりがそれを筆記して、各所に配った。

さすがに浜口も怒り、矢吹をよび、始末をつけるように指示した。

四月八日、午前十一時、軍事参議官岡田啓介が軍令部次長室にゆき、末次に貴族院議員との一件を問いただすと、末次は、

「五日のことは、問いつめられてやむをえずあるところまで話をしたのですが、将来は意見を他に発表いたしません」

と神妙に答えた。

海軍次官山梨勝之進が、四月九日午後四時、岡田を自宅に訪ねた。

「総理は、はなはだ不快を感じて、

『現内閣は官紀を厳粛にしたい。軍紀が厳であるべき軍部の、しかも最高幹部において官紀を乱すようなことがあるのは、小事ではない。巡洋艦二隻よりはこの方が重大問題ではないか（巡洋艦二隻は比率での一割）。

財部の不在中に、わたしは事務管理として、このような事件をひきおこしたことを遺憾に思う』と強硬に言っています。

近い将来、次長を退かされるかもしれません。海軍の法務官のなかにも、

『五日の問答は度を超えている。公開の席上政治を談じた（「軍人は政治に拘《かかわ》らず」が軍人の鉄則）』という強い議論があります。

ついては、小生も大臣が帰国されたら次官を退きますから、末次もいまからすぐ病気引入《ひきい》り（ひきこもり）ということにし、そのあと次長を退くことにすれば最良だろうと思います。末次には自分から話しますが、加藤軍令部長に話してください」

午後六時三十分、岡田は加藤を四谷《よつや》三光町の自宅に訪ね、末次の病気引入りをすすめた。加藤はひらきなおり、

「末次が五日に言ったようなこと（貴族院議員らに）は、じつは自分の考えと同一のことを言ったまでで、自分としては病気でもない者に引入りを勧告することはできない」

と、つよく言いかえした。岡田が、

「末次の言はすこし範囲を脱した。このさい末次を傷つけないよう小さくかたづけるのが良策だろう」

と言うと、ようやくうなずいた。

加藤は四月十六日、末次に「戒告」の文書をわたした。財部が帰国したら、次長を辞めさせるという前提である。

しかし、この戒告のなかには、

「至誠憂国の念よりこの挙に出でたること疑を容れず、またこの種の行動は法規上または規律の上において之を許さるるものなりと信じおりたる形跡あり」

と、むしろ称讃の文字がある。

加藤は末次と共犯のようであった。

反浜口内閣運動が燃えひろがる

昭和五年（一九三〇）四月二十二日、会議場のセント・ジェームズ宮で、ロンドン海軍軍縮条約の調印式がおこなわれた。そこで正式名称が「ロンドン会議」「ロンドン条約」と決定された。

四月二十三日からひらかれた第五十八特別議会で、ロンドン条約が討議された。

二十五日の貴衆両院の本会議で、外相幣原喜重郎は、列国との協調、緊急財政のためにロンドン条約を締結させねばならなかったことをくわしく説明した。しかし最後に、

「今回のロンドン条約の規定中には、われわれが交渉の決裂を賭しても争わなければならぬほどのものがないのでありまして、……世間ではわが国が他国の圧迫によって協定を強いられたものであると言うがごとき、まったく事実の真相に無理解なる臆説もあるように伝えられております。わたくしはここにこれに対して弁駁《べんばく》を加うるほどの価値をみとめませぬ」

と、言わない方がいいことまで言ってしまった。

これは、海軍の基本的意見をコケにするようなものであった。

そのために、下火になりかけていた加藤、末次、元帥東郷、軍事参議官伏見宮をはじめとする対米英強硬派の反幣原、反浜口内閣の感情が、ふたたびカーッと燃え上がった。

この日の衆議院本会議で、野党政友会総裁の犬養毅《いぬかいつよし》は、

「政府は若槻全権に発すべき回訓決定にさいし、軍令部の意見を無視して米国案を承認した。

国防用兵の全責任者たる軍令部では、該案を示す兵力量では、どんなことをしても、国防の安固を期しえないと言っている。しかるに浜口総理大臣ならびに幣原外務大臣は、国防は断じて安固なりと言われるが、これはほんとうであるか」

と、軍令部側に立つ質問演説をした。

政友会幹事の鳩山一郎は、

「国防計画を立てるということは、軍令部長または参謀総長という直接の輔弼《ほひつ》の機関があるのである。その統帥権（本来は用兵作戦上の軍隊指揮統率権）の作用について、直接の機関がここにあるにかかわらず、その意見を蹂躙《じゅうりん》して、輔弼の責任のない、輔弼の機関でもないものがとび出してきて、これを変更したということは、まったく乱暴と言わなくてはならぬ。わたしは、これをこのごろにおいてのまったく一大政治的冒険と考えておるのである」

と浜口内閣を攻撃した。

日本を破滅の戦争にみちびく、戦争ガン発生のような「統帥権干犯《かんぱん》」事件が、ここからドタバタくりひろげられる。

問題は、政府が、軍令部の意見を容《い》れずに独自に兵力量を変更し、回訓したことが、憲法違反か否かということである。

海軍次官山梨は、犬養、鳩山の演説を聞いて、ムカつくほどの嫌悪感をおぼえた。

「憲政の神といわれる犬養が、まるで軍閥の代弁者のようなカッコウだ。その参謀格の鳩山は、ひどい横車を押している」

首相浜口は、兵力量の不足については補充策を研究していると説明し、

「条約締結にさいして政府がとった措置にはなんら憲法に違反した点はありません。条約の締結は純然たる国務であります（憲法十三条は『天皇ハ戦《タタカイ》ヲ宣シ和ヲ講シ及《オヨビ》諸般ノ条約ヲ締結ス』となっていて、主として外務大臣が天皇を輔弼する。これは『外交大権』と言う）。今回の問題は、海軍の兵額（兵力量）決定に関する条約であります。たとえ回訓案は決定当時軍令部に多少の異論があっても、最後の決定権は政府に属するもので、この点においてなんら統帥権を侵犯したものではないことは、きわめて明確であります」

と答えた。

現実に加藤、末次は、三月二十六日につくられた「海軍の方針が政府の容れるところにならない場合でも、……政府方針の範囲内において最善を尽くすべきは当然なり」ということが書かれている「海軍今後の方針」を承認している。

四月一日には、山梨が浜口からうけとった政府回訓案を海相官邸で海軍首脳らが検討し、三点修正したときも、加藤、末次は修正案に異議をとなえていない。

「統帥権干犯」はありえない。

翌日の新聞は、いっせいに政友会を非難した。東京朝日新聞の社説は、

「鳩山君が、政府が軍令部長の意見に反して国防計画を決定したことについての政治上の責

任を問うているのは、政党政治家として立憲政治の意味を解していないもの」と的確なものであった。

しかし、軍令部代表の加藤、末次らは、犬養、鳩山らの政友会が「統帥権干犯《かんぱん》」を理由にして内閣を攻撃するのにあわせて、おなじく「統帥権干犯」によって反浜口内閣運動にのり出すことを決意した。

それは、策士の政友会幹事長森恪《つとむ》と策士の軍令部次長末次がしめしあわせた政治謀略行動で、森と末次にこの邪策を注ぎこんだのは、枢密院《すうみついん》副議長の平沼騏一郎《きいちろう》だったようである。枢密院は、重要国務、皇室の大事に関して、天皇の諮詢《しじゅん》（相談）に応《こた》える合議機関である。

原田熊雄が口述し、「原田日記」といわれている『西園寺公と政局』（全八巻、岩波書店）第一巻には、

「……加藤軍令部長も末次次長の休んでいる間はおとなしいが、末次が出てくるとまた喧《やかま》しくなってくる。けっきょく末次が加藤を操っているので、末次を操るものはやはり枢密院の平沼あたりのようだ」と書かれている。

六十三歳の平沼は、元検事総長・大審院（明治憲法下での最高裁判所）長・司法相の男爵で、国家主義団体「国本社」の総裁である。

軍令部次長 末次信正

国家主義は国家を第一とし、その権威と意思を絶対優位とするもので、全体主義的であり、独尊的な民族主義・国粋主義とむすびつきやすい。

平沼の目的は、政友会幹部らと、加藤、末次に「統帥権干犯」という麻薬を注射して、反浜口内閣運動をやらせ、対米英協調の浜口内閣を打倒して、国家主義内閣をつくることであった。

四月二十七日、加藤は平沼を訪ね、「統帥権干犯」問題に対する今後の方策について意見を交換した。

ロンドン条約が正式に成立するには、これから三つの手つづきをパスしなければならない。「第一に議会の承認を得る。第二に天皇が軍事参議官会議に諮問《しもん》する（意見を求める）。第三に枢密院の審査にパスする」ことである。

加藤は、この過程のあいだに軍縮条約を無効にさせるか、納得できる条件をつけさせ、さらに今後、兵力量に対して軍令部の主張が通る政府・軍令部の関係をつくらせることを望んだ。

平沼は加藤に、「統帥権」「編制権」「統帥権干犯」の解釈について邪策をあたえ、「最後まで軍令部長の職にとどまって最善をつくす責任がありますよ。加藤さんの上奏（四月二日。米国案〈事実は日米妥協案〉の兵力量では、大正十二年に裁定された国防方針にもとづく作戦計画に重大な変更をきたすという）に対する結果は、枢密院でいい決定が出るよう尽力いたしましょう」

とつけ加え、自信をもって大いにやれと煽動したようである。

軍令部長加藤が天皇に直接辞表提出

海相兼ロンドン会議全権の財部彪は、昭和五年五月十九日、東京に帰ってきた。

午後三時三十分、海相官邸で財部に会った軍令部長加藤は、財部に辞表を提出し、「浜口内閣の専断を弾劾《だんがい》する上奏書」を示し、それを侍従武官長奈良武次陸軍大将にとりつぐようにせまった。

加藤は自分が軍令部長を辞めると同時に、統帥権干犯問題で浜口と財部にも責任をとらせ、ロンドン条約を破棄に追いこみ、軍令部の権限を陸軍の参謀本部同様に拡大させようと謀ったのである。

元帥東郷、皇族海軍大将伏見宮も、それに同意したようである。

加藤が主張する「浜口内閣の専断」とは、浜口内閣が軍令部と交渉せずに兵力量の変更をおこない、それを上奏したが、その行為は、憲法違反の「統帥権干犯《かんぱん》」だという意見である。

加藤は四月二十七日、平沼を訪ね、「統帥権」「編制権」「統帥権干犯」の解釈について平沼の意見を聞き、軍令部にもどり、末次らと協議して、軍令部の公式見解（解釈）を作成した。

「一　憲法第十一条（「天皇ハ陸海軍ヲ統帥ス」）は純然たる帷幄《いあく》（作戦計画をめぐらすところ）の大権にして、専《もっぱ》ら海軍軍令部長及《およ》び参謀総長の輔翼《ほよく》（輔弼と同意）により行なわれ、

国務大臣輔弼《ほひつ》（天皇に進言し、採納されたことに対して全責任を負う）の範囲外に在り

二　憲法第十二条（「天皇ハ陸海軍ノ編制〈組織内容〉及常備兵額〈兵力量〉ヲ定ム」）は純然たる軍政事項（陸海軍省所管の事項）にはあらずして、統帥事項（軍令部、参謀本部所管の事項）をも包含するものと認む……

三　憲法第十三条は責任大臣の輔翼に依ると共に、海軍軍令部長（参謀総長）の輔翼の範囲に属する事項を包含し、其《そ》の作用を受くるものなり……

四　憲法第十二条の大権は、国防用兵上の見地より処理する間は主として軍令部長（参謀総長）輔翼に属し、予算との折衝に入るに及んで主として責任大臣輔翼の範囲に入るべきものなり」

というものである。

しかし、これは陸軍の参謀本部式の解釈であり、海軍の明治以来の解釈からは逸脱しているものであった。

元海軍大尉（七十一期）、防衛大学校教授の野村実は、著書『歴史のなかの日本海軍』（原書房）のなかで、陸海軍の統帥権、編制権に対する取り扱いの伝統を、つぎのように書いている。

「陸軍は伝統的に、統帥権についてはもっぱら参謀長のみが責任を負い、編制権については陸軍大臣だけでなく参謀総長も責任を負うと解していた。

海軍は、統帥権についてはは海軍軍令部長だけでなく海軍大臣も責任を負い、編制権につい

ては海軍大臣だけが責任を負う、と解する伝統があった」

加藤、末次は、海軍伝統の合理主義を捨て、陸軍に従い軍事力第一主義の海軍に変えようとしたのである。

ちなみに陸海軍大臣は、国民に対して憲法上の責任を負う内閣閣僚の一員だが、参謀総長・軍令部長はその責任をなんら負わない存在である。

五月二十五日の東京朝日新聞は、「統帥権よりも国民負担の軽減」と題して、つぎのような論説をかかげた。

「……ロンドン条約に関して軍令部が不同意のために条約が成立しなかったならば、それは明らかに軍令部に条約の締結の運命が左右されることである。

国民に対して憲法上なんら責任を負うことができない海軍軍令部長が、国防の責任が負えないからといって、軍縮会議の結果を左右し、条約締結の大権を輔弼する国務大臣の決定を動かすことができるならば、海軍軍令部長は、国防用兵の事以外に、軍事に関するかぎり条約の批准権も輔翼せんことを要望するものであり、国防を理由として、外は条約締結に、内は予算編成に関する拒否の最高権を要求するものにほかならぬのである。

それゆえに問題は責任内閣が統帥権を干犯したのではなくて、かえって軍令部が条約大権を干犯し、予算編成の政府権能と、予算協翼の議会の権限を干犯せんとするものである」

これもまた的確な指摘である。

五月二十九日、海相官邸で、午前十一時から、東郷、伏見宮、財部、岡田、加藤が出席して、軍事参議官会議をひらいた。統帥権の解釈に対する海軍省案と軍令部案の審議である。

ひと言で言えば、財部の海軍省案は海軍の伝統に従う（海軍省の権限が軍令部の権限よりも大きい）ことを強調し、加藤の軍令部案は参謀本部式に拡大することを要求するものであった。当然、加藤の背後には東郷と伏見宮がいた。

しかし財部は屈せず、軍令部案を丸のみにすることを承諾せず、この日は意見がまとまらなかった。

六月七日、午前八時四十分ごろ、海軍次官山梨が岡田を新宿角筈の自宅に訪ねて知らせた。

「一昨日、末次は御前講演のさい、憲法十一条（「天皇ハ陸海軍ヲ統帥ス」）、十二条（「天皇ハ陸海軍の編制及《オヨビ》常備兵額〈兵力量〉ヲ定ム」）と統帥権問題を進講したそうです。講演が終わってから、奈良武官長は、陛下に、

『その件は末次一個人の意見としてご聴取くださいますようお願い申し上げます』

と言われたとのことです」

末次は御前講演を勝手に利用して、統帥権に対する軍令部の見解を天皇に直訴したのである。

六月十日、かねて決意の上奏のため、天皇の前に立った軍令部長加藤は、海軍大演習に関する報告をしたのち、五月十九日に海相財部に提出したものと同一の上奏文を朗読した。骨子は、

「……憲法第十二条の大権は同第十一条と関連し、つねに統帥大権の作用を受けて、独立

で執行することは許されません。それゆえ、政務の輔弼の任に当たる者（海相、首相、外相など）といえども、みだりにその政策に偏《かたよ》り、統帥の大権と交渉せずに常備兵額の変更をするようなことを専断上奏してはなりません。

それが、今回のロンドン会議への回訓のようになりましては、畏くも大元帥陛下の統帥大権を蔽い隠すばかりでなく、ひいては用兵作戦の基礎を危うくし、国防方針は常に政変のたびに動揺変更されることになり、帷幄《いあく》の統帥を適切におこなうことができなくなります。国家の危殆《きたい》は、実にこれより大なるものはありません」

というもので、そのあとに、

「兵政が紛糾し、国防の基礎がややもすれば動揺をまぬかれない情況を見て、みずから輔翼の重責を反省して恐懼措《きょうくお》くところを知りません。伏して骸骨を乞い奉ります」

という主旨の辞職願いがついていた。

天皇の前からひきさがった加藤に、侍従武官奈良が告げた。

「ただいまの上奏については、別にご沙汰がありませんから、可否のご裁決がないことと承知してください」

軍令部に帰った加藤はこの経過を末次に話し、ついで海軍省先任副官古賀《こが》峯一大佐（三十四期、のちに大将、連合艦隊司令長官）をまねき、閣議に出席中の財部につたえるように依頼した。

事後の処置を岡田と相談した財部は、午後四時半に参内して、天皇の前に出た。

天皇が話した。

「加藤がこういうものを持ってきて、こうこう言ったが、話の筋合いがちがう。加藤の進退についてはお前に一任するから。それから、これもお前に返すから」

「かしこまりました。加藤軍令部長を軍事参議官に転じ、呉鎮守府司令長官の谷口尚真《なおみ》大将（加藤の一期下の十九期）を後任に据えようと存じます」

天皇はうなずいた。

翌六月十一日午前九時三十分、海軍大臣室で、財部は加藤に天皇のことばをつたえた。

承服した加藤は言った。

「大臣の統制を脱するがごとき行為のあったにもかかわらず、かくのごとき寛大なご処置にあずかって、恐縮に堪えません。今後いかなるところに転じても、決して海軍の統制を欠き、大臣にご迷惑をかけるようなことはいたしません」

財部からこの話を聞いた原田熊雄は、明くる六月十二日、静岡県興津に住む八十一歳の元老西園寺を訪ねて報告した。西園寺はこう語った。

「この軍令部長の上奏については、だいいち政友会が前から知っており、枢密院書記官長（二上兵治《ふたがみひょうじ》）あたりは、以前からこういうことを言っていた。おのずからこの方面に脈絡があるように自分は思う」

軍令部、政友会、枢密院副議長平沼派が連携して、浜口内閣打倒、ロンドン条約破棄工作をすすめていたのである。

しかし、加藤の上奏は天皇をすこしもうごかすことができず、むしろ天皇の意に副《そ》わないものとして却下された。

昭和天皇が昭和八年十一月九日、ロンドン会議当時の財部、加藤について、本庄侍従武官長に語ったことは前に書いた。そのとき天皇は、加藤の六月十日の上奏と、末次の六月五日の講演についても語っている。

「加藤は一般軍状上奏の機会に、辞表を直接自分に提出した。自分はその手続きが当を得ずとして却下した。その辞表文中には相当過激な文句があった。

この文中、末次軍令部次長がはからずも軍令部の兵力量なるものを聖聞に達し云々の字句があった。これは、自分が軍令部の意見に同意したと臆断したかもしれない。

末次はこれ（軍令部の統帥権、編制権に関する見解）を進講のときのべ、それを貴族院の一団体公正会に話したというが、これは機密漏洩ではないか。

東郷元帥も伏見宮も、この実際の経過を十分承知していないようだ」

という要旨である。

百術ありといえども一清に如かず

軍令部長加藤が上奏し、自ら職を辞した六月十日、海軍次官山梨と軍令部次長末次が、ともにその職を免ぜられた。

しかし、山梨はみずからを犠牲にして、策士の末次を軍令部から追い出し、海軍の乱脈を正そうとしたが、それもやがて何の役にも立たない結果となる。

新次官には兵学校で山梨の一期下の小林躋造《せいぞう》中将（二十六期）、新次長には末次の一期下の永野修身《おさみ》中将（二十八期）が就任した。

六月十一日、谷口尚真《なおみ》大将が海軍軍令部長に発令された。

六月二十日ごろ、伏見宮が参内し、天皇と会見した。昭和天皇は明治三十四年（一九〇一）四月二十九日誕生の満二十九歳、伏見宮は明治八年（一八七五）十月十六日誕生の満五十四歳である。

「軍縮のことについてお話申し上げたいと思いますが、お聞きくださる思召《おぼしめし》がございましょうか」

天皇はだまったまま答えなかった。

伏見宮は軍縮問題についてはなにも話さず、ひきさがった。

六十八歳の内大臣牧野をよんだ天皇は、

「伏見宮が自分にこうこう言われたが、いま聞く時機ではないし、また聞きたくもないと思う。そういうことを侍従武官から伏見宮に伝えたいと思うが、どうだろうか」

とたずねた。

「仰せのとおりにあそばしたらけっこうでございましょう」

と牧野は答えた（『原田日記』）。

海相財部、軍令部長谷口、軍事参議官岡田、加藤は、六月二十三日午前九時四十分から、

海相官邸で、財部が示す「統帥権覚書允裁案《いんさい》」を協議した。五月二十九日の軍事参議官会議で未定に終わった海軍の統帥権解釈について、その後財部と加藤が話しあい、合意したものである。

全員これに同意した。財部は、

「ご允裁《いんさい》を得れば、これを政府に書面でわたし、海軍部内には内令として発布します」

とのべた。

午前十一時から、宮中東二ノ間で、東郷を議長として、財部、谷口、伏見宮、岡田、加藤が出席しての軍事参議官会議がひらかれ、全員異議なく、「統帥権覚書允裁案」を可決した。

東郷はこれを天皇に提出した。

「海軍兵力に関する事項は従来の慣行に依り之を処理すべく、此《こ》の場合に於ては海軍大臣、海軍軍令部長間に意見一致しあるべきものとす」

という内容である。

軍令部長　谷口尚真

従来海軍では、兵力量の決定は、不文律的に海軍大臣が責任を持ってやってきたが、ここで省・部双方の責任でやるということに変わったのである。

東郷、伏見宮が加藤側についたので、財部、岡田、谷口も屈したようである。

「統帥権覚書」は、七月二日、天皇の裁可を得て、財部は浜口に文書をわたし、海軍部内には内令一五七号として発布した。

ひとつもどるが、谷口が海軍省ビル内の軍令部長室で、岡田からロンドン条約に対する見解を問われたのは、宮中で東郷を議長とする軍事参議官会議がひらかれた六月二十三日の午後であった。

谷口は岡田に答えた。

「自分の考えとしてはロンドン条約の兵力量で国防は安全です。条約は批准されなければなりません。しかし、いまは軍令部長なので、軍令部の立場を考慮せざるをえません」

「その考えを聞けば足りる。なんか事があっても辞職してはならない」

「それは場合によります。みだりに辞職はしません」

「それで安心した」

中肉中背でがっちりした体躯の谷口は、明治三年（一八七〇）三月、広島に生まれ、明治二十五年（一八九二）七月、十九期五十人中の五番で兵学校を卒業し、明治三十七、八年の日露戦争時は、少佐の軍令部参謀であった。

明治三十八年（一九〇五）十月少佐の米国公使館付となり、明治四十四年（一九一一）四月、軍事参議官東郷平八郎の中佐副官として、英国王の戴冠式に随行した。

大正十四年（一九二五）九月中将の第二艦隊（重巡部隊が主力）司令長官、十五年十二月

呉鎮守府司令長官、昭和三年（一九二八）四月大将、同年十二月連合艦隊司令長官をつとめ、昭和四年十一月呉鎮長官（二回目）となった。

二艦隊司令長官のとき、参謀長の少将米内光政《よないみつまさ》（二十九期）が、ある日、長官谷口に、

河の水魚棲むほどの清さかな

という自筆の色紙を進呈した。谷口は、

「ありがとう」

と怒らずにうけとった。

谷口は同郷広島の先輩加藤友三郎を尊敬する合理主義者だが、英海軍の闘将ネルソンも尊敬していた。人柄は、米内の川柳にもあるが、「百術ありといえども一清に如《し》かず」を家訓にしているくらいの、清廉潔白主義者であった。

鈴木貫太郎、財部、安保清種、百武《ひやくたけ》三郎（大将、谷口とおなじ十九期の首席）、山梨、野村吉三郎（二十六期、昭和八年三月大将）、左近司政三《さこんじせいぞう》（二十八期、中将）、米内光政らと親しく、加藤寛治、末次信正とは反対の対米不戦派である。

米内は谷口の人格と対米不戦の確固とした信念に傾倒して、谷口が昭和十六年（一九四一）十月三十一日に脳溢血で死ぬまで、ちょくちょく谷口を訪問している。

谷口の三女尚子の夫垣見泰三は、谷口の妻直枝《すえ》子から、谷口が、

「日米開戦を主張する人が多いけれども、これは絶対に回避しなければいけない。みなは、アメリカの物心両面にわたる真の底力というものを知らないのだ。現在の日本の力ではとう

てい対抗できるものではない」

と折に触れてくりかえしくりかえし強調していた、と聞いている。

軍令部長になったときの谷口は、六十歳であった。

昭和五年六月二十七日午前十時三十分、軍令部長室で、軍事参議官岡田、軍令部長谷口、海軍次官小林躋造《せいぞう》が会談した。谷口がきびしい表情で口をひらいた。

「伏見宮殿下と東郷元帥に、

『軍令部において、不足兵力量に対する補完案ができました。加藤前軍令部長のときの案と同一です。ロンドン条約は不満足ですが、政府が補充をすれば、ほぼ国防を全うすることができます』と説明をしました。

殿下は、

『批准（天皇が裁許する）をしなくてはならない』

と仰せられて、ほぼ諒解していただきました。

しかし東郷元帥は、

『わたしの実戦経験からしても、今回の条約の兵力量では不足だ。駆逐艦、潜水艦のような奇襲部隊は別にして、巡洋艦は、主力艦（戦艦）六割の今日、八割は必要と思うが、それが七割にもならないのではダメだ。

すでにダメと言うならば、別に補充案などは不用ではないか。

上陛下に対しては、率直に国防不足だと申し上げればよろしい。ご批准はされない方がよい。もしわたしに意見を徴せられたならば、そのように申し上げる考えだ』と言われます。『それでは軍令部長の職責を尽くさないことになり、軍令部長は辞職しなければなりません。わたくしごときの辞職はどうでもよいとしても、海軍に大動揺をきたしましょう』と申し上げても、『一時はそうなろう。けれども将来の国防が危うくなるのにくらべれば、なんでもない。いま姑息なことをやり、将来とりかえしの利かないこととするのは大不忠である……』と言われます」

小林は、加藤、末次の尻馬に乗って強硬論を主張する予備役、後備役将校らの消息を語った。

昼食後、軍令部長室で、岡田は谷口に、

「無策に似ているが、大臣、軍令部長がさらに東郷元帥に説明するのがいいのではないか」と忠告した。

東郷が「巡洋艦は八割必要と思うが、七割にもならないのではダメだ。批准はされない方がいい」と言うのは、加藤寛治、末次信正や東郷の腰巾着のような小笠原長生《おがさわらながなり》（十四期、予備役中将）らが、そのような考えを吹きこみ、その気にさせたかららしい。

それにしても、日露戦争時の東郷は戦場指揮官として抜群の世界的名将であったが、二十五年経ったいまでは、経済力・科学技術力・情報力・工業力などすべてが日本より圧倒的に強大な米国に通用するわけがない兵力論を吐きちらす、八十三歳のガンコな老人になっていた。条約が不成立となり、建艦競争になったばあい、日米海軍の兵力比がどうなるのかをわかっていない。

七月二日、谷口はふたたび伏見宮と東郷に会い、兵力量補充案について説明し、承認をもとめた。

東郷のところに行ったときは、そこに小笠原が同席していた。谷口はまた、東郷に頭ごなしに否定され、むなしく帰った。

谷口は翌七月三日午前、加藤を訪ね、

「元帥の意見が強硬なのにおどろいた。

『飛行機で補勢していいというような政府の約束など、決して当てにできない。一九三五年（次回のロンドン会議）において三大原則を貫徹しようというようなことは不可能である。それゆえわたしは、断然国防上欠陥ありとして条約を破棄し去ろう』

という意図をもっておられると感じた。

しかし、これが軍事参議院にご諮詢《しじゅん》になったとき（元帥、現役大将などの軍事参議官たちで構成される軍事参議院に、天皇が条約での兵力量についての意見を問いもとめる）、多数の意見が制限外の兵力で応急の処置をとろうということになり、元帥だけが欠陥を主張して承知しないばあい、元帥の立場がまずくなる。

そういうことも大いに考えなければならないと思うので、このさいたがいに胸襟《きょうきん》をひらいて、元帥の諒解を得られるようすすみたい。ぜひ協力してもらいたい」

と話した。加藤は答えた。

「……元帥は、なるほど一時はやむをえなければというお考えもあったようだが、その後の政府の内情やら（幣原の海軍を無視したような外交演説など）、財部海相のやり口（海軍の主張を通すことに努力が足りない）を見られ、政治的な約束などはたよりにならないと悟られ、非常に強く条約破棄にかたむかれたのだ。

なんといっても、元帥は政府、ことに財部海相にまったく信をおかれんのだから、第一条件として財部を辞職させなくては、とうてい問題にならない。

さらに言えば、財部は殿下にも元帥にもご信任をうしなったばかりか、部内（海軍）一般の信望が皆無であるから、一日とどまるは一日の損だ」

ただ、この加藤のことばには注釈を加える必要がある。

東郷や伏見宮が財部をきらい、海軍部内一般も財部に不信をいだいたのは、財部の不徳のいたすところだが、しかしそれ以上に、加藤、末次の煽動的宣伝があったからであった。

しかし、この加藤にもすでに弱味が生じていた。

東郷とおなじく条約に絶対反対で、

「幣原の議会における演説はもってのほかなり。兵力量は政府が定めるなどのごときは言語道断なり」

と主張していた伏見宮が、六月二十七日、従来とうってかわり、谷口に、

「条約の批准はしなくてはならない」

と明言したことであった。

伏見宮が六月二十日ごろ、軍縮についての意見具申を天皇に拒否され、天皇に派遣された侍従武官から、天皇が伏見宮に答えなかった意向をつたえられたからのようである。

これをそのままにしておいて、軍事参議院で東郷と伏見宮の意見が対立すれば、加藤の立場が苦しくなる。

対米英協調説の条約派と強硬説の艦隊派の抗争激化

加藤寛治は、七月十五日、小笠原から、海軍軍事参議院には、「条約破棄」一本槍で臨むよう強硬に要求された。東郷の意向でもあるようであった。

加藤は答えた。

「『国防上の欠陥』を明白に指摘したのみで、その対策に一言も触れるところがないのは、ひとり大元帥陛下（天皇）の宸襟《しんきん》を悩まし奉るのみで、補翼の無責任をまぬかれない。わたしは、奉答文の冒頭に『国防上の欠陥あり』と記すことに絶大の努力をして、財部、岡田、谷口に同意させた。

彼らが同意したのは、兵力補勢の対策を副申するからだ。

枢密院が、真にその特有の責任に忠誠ならば、冒頭の『国防上欠陥あり』の一句だけで、ご批准を否決できるはずだ」

小笠原は承知しないまま帰った。

夕刻、加藤は東郷を麹町の自宅に訪ねて、話した。

「海軍大臣、軍令部長とも、『国防上欠陥あり』の一句を冒頭に記すことに同意いたしました」

「それでよかった。国防に欠陥ありとくれば、あとはどうにでもなる。大臣と軍令部長が心底から責任を持って補填《ほてん》をおこなえばよろしいのだ。海軍大臣も同意しましたか。それはよかった」

七月二十二日、午前八時三十分から、海相官邸で最終非公式軍事参議官会議がひらかれた。出席者は、議長の東郷と、伏見宮、財部、岡田、加藤、谷口の六人である。

財部が最初に、

元帥　東郷平八郎

「政府は誠意をもって兵力の補充を実行する旨、昨日、浜口首相より言明がありました」

と言い、その文書の説明をした。

「兵力量に欠陥ありで止めおきてはどうか。それでもご批准あらば、そのとき補充のことを議すればいいではないか。この補充案は、なお研究を要するのではないか」

東郷はそのように意見をのべた。

しかし、岡田、加藤が、それがなくては職責も欠くと説明し、東郷もついに、

「みなさんのご意見をうかがい、わたしは原案に異議なし」

と、同意を表明した。

伏見宮も賛成した。

明くる七月二十三日午前九時四十分から、宮中東二ノ間で、公式の軍事参議官会議がひらかれ、十時四十分に無事おわった。

「軍事参議院奉答文」の要点は、つぎのようなものである。

「大正十二年御裁定の国防方針は帝国現下の国情に適応する最善の方策なり。然《しか》るに今次倫敦《ロンドン》海軍条約の協定に依れば右既定方針に基《もと》づく海軍作戦計画の維持遂行に兵力の欠陥を生ず」

というのが冒頭文で、補充策の要点は、

「制限外艦艇の充実」「作戦計画の維持遂行に必要なる航空兵力の整備充実」

であり、

「以上の対策を講ずる場合に於ては当面の情勢に在りて条約の拘束より生ずる影響を緩和し国防用兵上略《ほぼ》支障無きものを得ると認む」

が所信である。

日付は昭和五年七月二十三日、連署は、元帥海軍大将東郷平八郎、海軍大臣財部彪、軍事参議官博恭《ひろやす》王、岡田啓介、加藤寛治、谷口尚真である。

これで紛糾に紛糾をかさねたロンドン条約問題も、海軍部内においては、ひとまず一段落となった。

しかし、財部、岡田、谷口らを筆頭とする「条約派」と称される対米英協調派と、加藤、末次を筆頭とし、東郷、伏見宮を後ろ楯《うしろだて》とする「艦隊派」と称される対米英強硬派の対立は解消されず、両派による海軍の主導権争いは、さらに激化する。

政友会の総裁犬養毅《つよし》、幹事長森恪《つとむ》、幹事鳩山一郎らと連携する枢密院副議長平沼騏一郎、顧問官伊東巳代治《みよじ》、書記官長二上兵治《ふたがみひょうじ》らは、昭和五年八月十一日に枢密院に設けられたロンドン条約に対する審査委員会が、ロンドン条約の否決をみこむ審査報告書を作成するようあらゆる工作をすすめた。

しかし、元老西園寺以下の重臣と、世論に支持された浜口内閣は強気にこれに立ち向かい、スキをみせなかった。

十一日会議をかさねた審査委員会は、九月十七日の第十二委員会で、ついに無条件可決がみこまれる審査報告書を作成した。

それとともに、政友会の筋の通らない浜口内閣に対する倒幕運動も終わった。

十月一日、枢密院本会議でロンドン条約審査報告が満場一致で可決された。

十月二日、天皇の裁可があり、十月三日、ロンドン条約が批准された。

この日予定どおり財部彪が海相を辞任し、岡田啓介、谷口尚真と海軍次官小林躋造が推す大将安保清種《あぼきよかず》が海相に就任した。安保は加藤寛治と兵学校同期だが、兵力量、統帥権に対して、岡田ら三人と同意見だからという理由であった。

軍事参議官となった財部は、十月六日朝、訪ねてきた元老西園寺の秘書原田熊雄に、そっとうち明けた。

「牧野内大臣にも話したが、公爵（西園寺）の耳にも入れてもらいたい。よほど考えていただきたいのだ。

皇族が責任ある地位に立たれて、その職務上の権利をふつうの人とおなじようにおこなわせられるということは、正当におこなわせられるならいいけれど、いろいろ容喙《ようかい》がましいことを、まわりからおさせ申すということは、皇族のためにも皇室のためにもならない。イギリスにはパースナルＡＤＣ（英国王の侍従武官名）というものがある。王の側近につく名誉職のようなもので、大将でも元帥でも実権はない。

こういう制度が、日本の皇族にもかえってよくないかと思う」

これは加藤寛治と伏見宮によって生じた紛糾が、海軍と国家の一大事に発展しかねないことを痛感し、警告する訴えであった。

しかし、西園寺も手の打ちようがなく、なりゆきを見まもるほかなかった。

第5章　軍拡派伏見宮の軍令部長就任

満州事変拡大に徹底的に反対した軍令部長谷口

昭和六年（一九三一）九月十八日夜、満州の奉天《ほうてん》（現瀋陽《しんよう》）北部柳条湖《りゅうじょうこ》ふきんの満鉄線路が爆破される事件が突発した。

満州に駐屯する大兵団の関東軍は、中国軍のしわざと称して、ただちに中国軍を奇襲し、軍事施設を破壊、中国兵を殺傷した。

ところがこの線路爆破は、関東軍高級参謀板垣征四郎大佐と作戦主任参謀石原莞爾《かんじ》中佐、奉天特務機関の花谷正少佐らの謀略によるデッチ上げ事件であった。

四十二歳の中心人物石原は、『満蒙問題私見』で、要旨、

「満蒙問題の解決策は、満蒙を日本領土とする以外、絶対に道がないことを肝銘する必要がある。国家が満蒙問題の真価を正当に判断し、その解決が正義にして、日本の義務であることを信じ、戦争計画を確定するならば、その動機は問題ではない。期日を定め、あの日韓合

併の要領で、満蒙併合を中外に宣言すれば十分である」

と、当然至極のように書いている。満蒙は満州と内蒙古である。

それを正義と信じるならば、他国の領土分捕り戦争をやってもよろしいということだが、

この石原謀略を、関東軍ばかりか、参謀本部、陸軍省も全面的に支持した。

九月十九日午前七時からひらかれた陸軍省・参謀本部の首脳会議で、陸軍省軍務局長小磯《こいそ》国昭《くにあき》少将が、

「関東軍今回の行動は全部至当である」

と発言すると、一同文句なく賛成し、兵力増加についても全面的に賛成したのである。

午前十時からの緊急閣議まえ、首相若槻礼次郎（民政党、第二次内閣）が陸相南次郎大将に、

「関東軍の今回の行動は、支那（中国）軍の暴戻《ぼうれい》（乱暴理不尽）に対し、真に軍の自衛のために取った行動でしょうか。かように信じてよいのでしょうか」

と念を押すと、南は平然と答えた。

「もとよりそのとおりです」

若槻は真相をたしかめることもなく、陸軍のいいなりに天皇に報告した。

日本陸軍の満州攻略戦争が、こうしてはじまった。「満州事変」である。

柳条湖事件勃発によって、陸軍は今後の対策を協議したが、とりあえず、九月十九日午前十時の閣議で決められた、

「事態を現在ていど以上に拡大せしめない」

という政府方針にしたがい、特別の処置はとらないことを決議した。

しかし十月八日には、関東軍の爆撃機十一機が、遼東湾北方の錦州までも爆撃した。

海軍軍令部長谷口尚真は、満州事変の拡大に徹底的に反対した。

十月十四日午前十時、谷口は東京三宅坂《みやけざか》（現千代田区永田町一丁目）の参謀本部に参謀総長金谷範三大将を訪ねて、申し入れた。

「山海関《さんかいせき》（遼東湾北岸、満州地区と北中国地区の境）方面にわが艦隊を派遣することは、世論を刺激するし、政府の『不拡大方針』から見て、大局上不利と思います。山海関方面の状況が急迫したばあいは、むしろ守備隊を撤収させてはいかがですか」

金谷はやむをえないという顔で答えた。

「陸軍の伝統として、優秀な敵を眼前にして撤退するようなことは断じてできない。海軍の協力が得られなければ、陸軍は独自に山海関方面の事態に対処します」

軍令部第一課（作戦）長近藤信竹《のぶたけ》大佐（三十五期）は、おなじ趣旨の私信を参謀本部第二課（作戦）長今村均《ひとし》大佐にわたした。

今村は、その欄外に、青鉛筆で、

「政府ノ大方針ニ極メテ忠実ナルコトカ（が）海軍ノ鉄則ナルカ（が）如シ」

と書いた。

この日午前十一時から、海相官邸で、東郷、伏見宮、財部、岡田、加藤寛治の五軍事参議官による軍事参議官会議がひらかれた。

軍務局長堀悌吉《ていきち》少将が、満州と中国各地の排日運動情況と、海軍の配備を報告し、軍令部第一班（のちに第一部、国防・用兵・作戦・編制・教育訓練などを担当）長及川古志郎《おいかわこしろう》少将（三十一期、のちに大将、海相、軍令部総長）が小演習の報告をした。そのあと谷口が金谷参謀総長との会見のもようを話し、結論をのべた。

「事変は、けっきょく対英米戦となるおそれがあります。それにそなえるためには、軍備に三十五億円が必要ですが、日本の国力ではこれは不可能です」

とたんに元帥東郷が、

「軍令部は毎年作戦計画を奉っているではないか。いまさら対米英戦はできないと言わば、陛下にウソを申し上げたことになる」

とすさまじいいきおいで谷口を面罵した。

東郷は軍事力で満蒙、北支（中国）方面を制圧することに反対ではなく、対米英戦にも負けないと思っていたらしい。

ところで、軍令部が毎年立案する作戦計画は軍備の前提となるもので、戦争計画ではないので、東郷の谷口に対する非難は、東郷の思いちがいであった。

満州事変拡大に協力した犬養内閣

昭和六年十二月十三日、ゆきづまった民政党の若槻内閣にかわり、反対党の政友会総裁犬養毅《つよし》を首相とする内閣が成立した。

若槻の前任首相浜口雄幸《おさち》は、前年の昭和五年十一月十四日朝、東京駅プラットホームで、国家主義団体愛国社社員の佐郷屋留雄《さごうやとめお》に、拳銃で腹部を狙撃された。

二十三歳の佐郷屋は、のちに、

「この計画（暗殺）は、昭和五年春ごろから、愛国社の盟主岩田愛之助を中心に、数名の幹部の間で進められた」

と述べている（『憂国の傷痕』日本週報社）。

事件直後、元老西園寺の秘書原田熊雄は、司法次官小原直《おばらなおし》から、

「やった奴は岩田の子分で、ロンドン条約のとき、さかんに演説して歩いていた。この愛国社の連中が、加藤（寛治）大将なんかに会って話を聞いている。加藤大将の言論が、彼らを刺激した事実はまぬがれない」

と聞かされた。

政党ぎらいの国家主義団体国本社総裁平沼騏一郎は、

「今日かくのごとき凶行がおこなわれたということは、要するに今回の政党政治の弊害がしからしめるところで、政党政治の積弊が青年をしてかくのごとき犯行に走らしめたのである」

と、浜口内閣が悪いのだと吹聴した。

昭和六年四月十三日、浜口の病状が悪化して内閣は総辞職し、十四日、おなじ民政党の第

二次若槻礼次郎内閣（第一次は大正十五年一月から昭和二年四月まで）が成立し、浜口は八月二十六日に死去した。

悪いのは浜口内閣ではなくて、海軍の統帥権に対する軍令部の権限を拡大解釈して、政争の具につかった平沼、犬養、森、鳩山、加藤、末次らのほうであった。

浜口内閣のあとを継いだ若槻内閣が総辞職したのは、満州事変の拡大によって対米英協調外交の基盤がくずれ、財政再建も困難になったためである。

首相になる犬養は、

「満蒙問題は軍部と相協力して積極的にこれを解決する」

と言明し、陸軍部内でもっとも国家主義者にちかい陸軍皇道《こうどう》派領袖の一人、五十四歳の元第六師団（熊本）長荒木貞夫中将を陸相に就任させる案を承認した。

皇道派は、天皇を神として軸とする一君万民の国体を至上とし、政党政治を排して、軍人による専制政治をおこなうという、現実ばなれした理想をかかげる陸軍内の一派閥で、荒木とならぶ皇道派領袖のあと一人は、五十五歳の元第一師団（東京）長真崎甚三郎《まさきじんざぶろう》中将である。

陸相荒木という人事案は、満州事変拡大に積極的な陸軍元帥上原勇作と枢密院副議長平沼騏一郎が推し、内閣書記官長になった政友会幹事長森恪《つとむ》がそれに同意して、犬養に提示したものであった。

陸相に就任した荒木は、満州事変の拡大に積極的ではなかった陸軍首脳らを一掃し、参謀総長に六十六歳の閑院宮載仁《かんいんのみやことひと》親王元帥、参謀次長に荒木の盟友真崎甚三郎中将を推薦することにした。

閑院宮は伏見宮より十歳年上だが、柳条湖から八日後の九月二十六日、「事態かくなれる以上、とくに結束を固くして邁進《まいしん》すべきである」と、陸軍首脳らを督励していた。

昭和５年11月、東京駅頭で凶弾に斃れた浜口雄幸首相

閑院宮の参謀総長就任は、元帥上原と陸相荒木の画策によるようである。元老西園寺、重臣、天皇側近者らを威圧して、陸軍の思うように諸事をはこぼうというのが、そのねらいであった。

新海相には、安保にかわり、十一月三十日まで横須賀鎮守府司令長官であった五十五歳の大将（昭和六年四月進級）大角岑生《おおすみみねお》が任命された。

大角は条約派でも艦隊派でもない中間派だが、権力によわく、まもなく東郷、伏見宮、加藤の側につくようになる。

関東軍は、昭和七年（一九三二）一月三日、遼東湾北方の要衝錦州を占領し、山海関に向かって進撃を開始した。

米国国務長官ヘンリー・ルイス・スチムソンは、日中両国に、「満州の新事態不承認」(スチムソン・ドクトリン)を通告し、日本軍の満州撤兵を勧告した。

満州独立の陰謀が上海にも飛び火

軍事参議官加藤寛治は、昭和七年一月十二日、兵学校同期の前海相安保清種に、米英との協調を主張して満州事変拡大に反対する谷口尚真を軍令部長からおろし、参謀総長閑院宮元帥にならい、加藤とおなじく軍令部の権限拡大をのぞむ軍事参議官伏見宮海軍大将を軍令部長にまつり上げる相談をもちかけた。安保は同意し、海相大角に勧告すると答えた。

翌一月十三日、安保から話を聞いた大角は、伏見宮側につくことに同意して、軍令部長の更迭人事を一月中に決行すると約束した。

一月十五日、加藤寛治は総裁平沼騏一郎の国家主義団体国本社の理事に就任することを承認した。

元帥東郷にいためつけられつづけた軍令部長谷口から辞意を聞かされた岡田啓介は、やむをえないと見て、谷口の辞意を大角につたえた。その理由は病気と、海軍の軍事行動が一段落したからということにした。

大角は一月十六日の午前、伏見宮を紀尾井町の邸に訪ね、軍令部長就任を要請し、内諾を得た。

大角から知らせをうけた加藤は、伏見宮と東郷を訪ね、祝辞をのべた。

このとき東郷は、加藤のことばをうけいれて、国本社顧問になることを承諾した。

こうして国家主義政治家平沼は、政友会幹事長森恪を通じて政府と、陸相荒木、参謀次長真崎を通じて陸軍と、軍事参議官加藤、第二艦隊（重巡部隊が主力）司令長官末次（昭和六年十二月就任）を通じて海軍と、連絡線をむすんだ。

一月十八日、揚子江河口ふきんの上海《シャンハイ》で、日蓮宗の日本人僧侶など四人が抗日中国人らに襲撃されて、重傷を負った。そのうち一人は二十四日に死亡した。

ところが、この日本人僧侶襲撃事件も、柳条湖事件とおなじく、関東軍高級参謀板垣征四郎大佐、奉天特務機関の花谷正少佐と、新たに加わった上海駐在武官補佐官田中隆吉少佐らがしくんだ陰謀によるもので、襲撃は、田中がニセ抗日中国人一味をつかって強行させたようであった。

田中は自分の手記に、

「板垣らはこう言った。

日本政府は国際連盟を恐れて弱気なので、ことごとく関東軍の計画がじゃまされる。

関東軍はこのつぎにハルビンを占領し、来春には満州独立にまでもってゆくつもりで、いま土肥原《どひはら》（賢二《けんじ》）大佐を天津《てんしん》（北京南東方）に派遣し、溥儀《ふぎ》（清朝の末裔《まつえい》、のちの満州国皇帝）の引き出しをやらせている。

しかし、そうなると国際連盟がやかましく言い出すし、政府はやきもきして計画がやりにくい。この際ひとつ、上海で事を起こして、列国の注意を逸《そ》らせてほしい。その間に独立

（満州国の）にこぎつけたいのだ」

と書いている（『秘められた昭和史』参照）。

元帥東郷の一言で伏見宮の軍令部長出現

一月二十七、八日ごろ、原田熊雄は、海軍省で海軍次官左近司《さこんじ》政三《せいぞう》中将（二十八期、昭和六年十二月、小林躋造《せいぞう》中将の後任として就任）から、

「大角海軍大臣から、あなたによく話し、西園寺公爵につたえてもらえと言われた。谷口《や》軍令部長が辞めることになり、その後任に伏見宮殿下をわずらわすことに決めた。公爵に了解してもらいたい。

海軍大臣には直接会ってくださるな」

ということを聞かされた。

原田はかねて、閑院宮が参謀総長になったときの感心できない事情や、皇族をかつぐことがおもしろくないと言っている西園寺の考えを、大角につたえていた。大角は、原田と会って、そこを衝《つ》かれることを避けたかったのである。

原田は静岡県興津《おきつ》（清水市の北東海岸）の別荘坐漁荘にいる西園寺公望を訪ねて、報告した。

西園寺は、はなはだおもしろくなさそうに言った。

「それはよほどまちがいのないように注意しないと困るが……。まあだいいち、宮さんを

何する（利用して権限外のことにも干渉させる）だけは、なんとかならないものか。困ったものだ」

東京にもどった原田が岡田啓介を訪ね、事情を聞くと、

「じつは伏見宮殿下が軍令部長になられるについては、非常に困った事情があるのだ。安保前大臣、大角現大臣も困りきっているのだが、例の予備、後備の連中（小笠原長生など）が、ロンドン条約以来、ぜひ軍令部長に伏見宮殿下をもってゆこうとさかんに策動して、けっきょく東郷元帥をかついで、東郷元帥の口から伏見宮殿下を軍令部長にということを言わせたのであって、海軍大臣としても東郷元帥の一言には従わなければならない。それでじつははなはだおもしろくないことだとは思うけれども、まあ殿下にお怪我のないように十分気をつけるから、ということで、だいたいにおいてみなさんが賛成したわけだ」

と、岡田は語った。「みなさん」というのは、軍事参議官の岡田啓介、加藤寛治、山本英輔《すけ》（大角と海兵同期、前連合艦隊司令長官、大将）などである。

ただ、岡田は「予備、後備の連中」と口をにごしたが、この裏面工作の中心人物は加藤寛治であった。

一月二十八日、上海市北四川路《しせん》で、日本海軍の上海特別陸戦隊と第十九路軍が衝突し、第一次上海事変が起こった。この日中両軍の衝突は、田中隆吉らが仕組んだ日本人僧侶襲撃事件がきっかけになっていた。

一月末、原田熊雄の訪問をうけた海相大角は言った。

「殿下の軍令部長はすこぶるおもしろくない。責任ある地位に立たれて、もしなにか責を負わなければならないようなことが起こったときに、皇族全般に累をおよぼさないともかぎらず、そうなってはすこぶる重大である。

かつてロンドン条約の時分に、加藤大将あたりが中心で、伏見宮殿下を通してなにか陛下に申しあげていただきたいという策動があり、殿下もそのおつもりで拝謁の機会に、

『ロンドン条約についてお話申し上げたい』

とおっしゃったけれども、陛下は、

『いまはその時機ではない』

とお断わりになり、ついで侍従武官を殿下の御殿に差し向けられ、

『せっかくのご希望であるが、このさい陛下としてはお聴《き》きにならぬ』

というご沙汰があった」

大角は相手によって、自分につごうのいいことを言う男のようである。金太郎のような顔、体つきをしているが、きわめて如才ない八方美人タイプである。

明治九年（一八七六）五月、愛知県に生まれた大角岑生《おおすみみねお》は、明治三十年（一八九七）四月、二十四期十八人中を、二番の山本英輔《えいすけ》につぐ三番で兵学校を卒業した。

明治四十二年（一九〇九）三月少佐でドイツ駐在、四十五年（一九一二）七月中佐の軍事参議官東郷平八郎大将付副官、大正四年（一九一五）十二月大佐の海軍省副官、六年十二月戦艦「朝日」艦長、八年三月大佐のフランス大使館付武官になった。

大正十一年（一九二二）五月少将の海軍省軍務局長、十四年四月中将の海軍次官、昭和三年（一九二八）十二月第二艦隊司令長官をへて、四年十一月横須賀鎮守府司令長官、そのまま昭和六年四月大将に進級し、六年十二月海相に就任した。

海相官邸で、二月一日、元帥東郷、伏見宮、加藤寛治などが出席する軍事参議官会議がひらかれた。上海事変の対策である。

軍令部長谷口が、

「陸軍部隊を派遣して、事変が拡大すれば、対英米戦になりかねない」

という意味の発言をした。

たちまち東郷が激怒して、谷口をたたきのめすように面罵《めんば》した。

加藤はこの日の日記に、

「午後一時軍事参議官会議、殿下（伏見宮）モ熱海ヨリ御帰還遊バサル、谷口、元帥ヨリ叱責セラル」

と書いた。

このころ軍令部第二班第三課部員の石川信吾《しんご》中佐（「艦船および航空機充実計画」担当、四十二期）は艦隊派（反軍縮派）の急先鋒で、加藤参りをしていた一人だが、加藤から、

「軍事参議官会議で谷口が辞めることになり、あと伏見宮が就任することになったが、今日は東郷元帥がえらい剣幕で谷口大将を叱責され、側にいたわたしが震えあがるほどだった。元帥があんなに怒られたのは、わたしも初めて見たよ」

と聞かされた（『真珠湾までの経緯』時事通信社発行）。

二月二日、大将谷口尚真にかわり、大将伏見宮博恭《ひろやす》王が海軍軍令部長に就任した。絶大な権威を身につけた皇族の軍令部長はこれがはじめてで、最後でもあった。

加藤寛治は日記に、

「軍令部長交代全海軍感喜……」

と、全身のよろこびをあらわすように書いた。

しかし「全海軍」というのは、「艦隊派」というのが真実である。

谷口尚真の軍令部長辞任について、谷口の四女道子の夫、増田浩は、終戦後の手記にこう書いている。

「後半になって母上（谷口尚真の妻直枝子《すえ》）から、当時父上は四面楚歌の中で軍令部長を辞められたと伺いました」

けれども、それとは反対につぎのような逸話もある。

昭和三十年代（一九五五から一九六四）半ばごろ、元海軍大将山梨勝之進によばれた谷口の長男真《まこと》（六十四期、元海軍少佐）は、山梨の自宅で思いがけないことを聞かされた。

「わたしが元気なあいだに、お父さんの谷口大将がいかにおえらかったかを、長男であるあなたにつたえておきたい。

ご父君は軍令部長時代にロンドン条約をめぐっての海軍上層部の紛糾処理に当たって、ことばで言い尽くせないほど苦心惨憺《さんたん》された（そのほとんどは、東郷、伏見宮、加藤寛治との折衝である)。

ご父君のような見識を当時の指導者層が抱いておれば、今回の戦争のような悲惨な事態には至らなかったと思う」

谷口は太平洋戦争直前の昭和十六年十月三十一日、脳溢血で死去した。七十二歳であった。

山梨は、昭和四十一年（一九六六）一月三十日に八十七歳で死去した谷口直枝子に関して、真あてに二月十五日付の悔状を送ったが、そのなかでも、

「……老生最後の御奉公を次官としてロンドン軍縮会議の難局に当たりたる際、重要重大なる後始末を軍令部長として収修（拾）されたる功績は、永久特筆大書して永く海軍の歴史に記念さるべきものでありました」

とのべているのである。

軍令部長 伏見宮博恭王

谷口の人柄と対米不戦の強い信念に傾倒していた米内光政は、死んだ谷口の棺が下落合《しもおちあい》（現新宿区）の自宅を出る最後の別れのとき、大きな体を屈《かが》め、両手を合わせ、

「おさらばです」

と涙ながらに声をかけた。

当時若い海軍大尉であった長男の谷口真は、その姿がいつまでも忘れられないと言う。

その折の米内は、予備役海軍大将で重臣の一人であった（昭和十五年一月から半年間首相をつとめたので）が、すでに日本の対米英戦争は決定的になっていて、志に反する時勢の流れを変えることはできず、沈黙してなりゆきを静観し、時機を待つほかない立場におかれていた。

加藤寛治が望む顔ぶれがそろった軍令部

二月四日、軍令部三課の石川信吾が加藤寛治を訪ね、軍令部次長百武源吾《ひゃくたけげんご》中将（三十期。谷口と同期の大将百武三郎の弟、のちに横須賀鎮守府司令長官、大将）が軟弱でだめだと告げ口した。軟弱というのは、軍令部の権限拡大に消極的ということである。

翌五日早朝、加藤は伏見宮を紀尾井町の邸に訪ね、次長を現海軍大学校長の高橋三吉《さんきち》中将（米内とおなじく二十九期）にかえるように進言し、承認をうけた。

高橋は明治十五年（一八八二）八月東京に生まれ、明治三十四年（一九〇一）十二月、海軍兵学校二十九期百二十五人中を五番で卒業し、大正十一年（一九二二）十二月大佐の軍令部第一班第一・第二課長（作戦・艦隊編制・教育訓練などを担当）になった。

ときの軍令部長は山下源太郎大将（十期）、次長は加藤寛治中将、第一班長心得は末次信正大佐（二十七期）で、加藤以下三人は対米英強硬と軍令部の権限拡大で意見が一致し、高橋が軍令部の権限拡大計画を立案した。

当時大将加藤友三郎が首相兼海相で、政治優先の方針を堅持していて、

「わたしの眼が黒いうちは、そういうことはさせぬ」

と断言し、軍令部の動きをぴしゃりと封じた。

高橋の案に対して、末次は「困難だろう」と言い、加藤寛治は、「これはむずかしい、やめた方がよかろう」と制止した。

大正十五年（一九二六）十一月、高橋は少将の連合艦隊参謀長に任命され、翌十二月、中将の加藤寛治が連合艦隊司令長官に就任し（昭和二年四月大将）てから、二人は東郷のことばどおり、猛訓練を強行しつづけた。

ついで高橋は昭和四年十一月中将の海軍大学校長になった。

百武にかわって高橋が軍令部次長に就任したのは、昭和七年二月八日であった。石川信吾の告げ口と加藤の画策のために、三ヵ月間で次長をクビになった百武は、高橋のかわりに海大（海軍大学校）校長に転じられた。

こうして海軍軍令部は、部長伏見宮博恭王大将、次長高橋三吉中将、第一斑長及川古志郎少将（三十一期）、第一班第二課（「艦隊軍隊の編制・建制《けんせい》」などを担当）長南雲忠一大佐（三十六期）という、加藤寛治の思いどおりにうごくであろう艦隊派の顔ぶれになった。「建制」は軍隊を基準にもとづいて編成することである。

加藤は二月二十日に伏見宮を訪ねたときのことを、日記に、

「午後三、三〇、殿下へ拝謁〇〇御心配ノ事ヲ中上御奮起ヲ願ヒ奉ル、御決心実ニ可驚、〇〇戦争不可避ハヤルヘシト仰セラレ、未来ノ事ヲクヨクヨセス現在ニ善処セヨト仰セラル」

と書いた。はじめの「〇〇」は「陛下」で、つぎの「〇〇」が「対米」であろう。

政権欲に駆られた政党内閣の自滅

昭和七年（一九三二）一月二十八日夜から二十九日にかけ、日本海軍の上海特別陸戦隊千八百余人が北四川《しせん》路で衝突した中国第十九路軍の兵力はおよそ三万三千人で、この衝突は満州事変以来、上海での排日運動が激化した末のものであった。

しかし、上海の在留邦人数万人の生命財産は守らなければならず、犬養内閣は二月二日、一個旅団と一個師団の陸軍部隊の派遣を決定した。

海軍は、中国在留邦人の安全を計り権益を保護する目的で、野村吉三郎《きちさぶろう》中将（二十六期）を司令長官とする第三艦隊を編成し、上海方面の警備に当たらせることにした。

中国軍は強力で、日本陸海軍部隊は攻めあぐみ、戦局は進展しなかった。

犬養内閣は二月二十三日、さらに増援部隊の派遣を決定した。白川義則《よしのり》陸軍大将（陸士一期、海兵十六期に相当）を軍司令官とする上海派遣軍二個師団である。

司令長官末次信正中将の第二艦隊（重巡部隊が主力）に護衛された上海派遣軍は、三月一日、上海ちかくに上陸し、三月三日までに中国軍をすべて戦場から撤退させた。

白川は、南京まで追撃しようという幕僚らをおさえ、昭和七年三月三日午後二時、戦闘行動中止の声明を発した。

天皇は、深追いせずにすばやく局をむすんだ白川の果断な処置をよろこび、侍従長鈴木ら

に、

「白川はよくやった」

と告げた。

日中両軍の停戦協定が、五月五日に成立した。

だが、それにさきだつ四月二十九日、上海新公園でおこなわれた天長節《てんちようせつ》（明治三十四年〈一九〇一〉四月二十九日が昭和天皇誕生日）の祝賀式で、朝鮮独立党員尹奉吉が投げた爆弾によって白川、植田謙吉第九師団長、野村第三艦隊司令長官、重光葵《まもる》公使、村井倉松総領事らが重軽傷を負い、白川は五月二十六日に死去した。

天皇は、

「惜しい立派な軍人を失った」

と痛惜した。

三月一日、陸軍の工作によって、恥ずかしげもなく「王道楽土」「五族協和」をうたう「満州国」の建国宣言があり、九日には清国廃帝溥儀がロボットの執政に就任した。

日本陸軍が執政の監督である。

三井合名会社理事長団琢磨《だんたくま》が、三月五日、血盟団員の菱沼五郎に射殺された。

血盟団の盟主井上日召《にっしょう》は、三月十一日に自首した。

井上ら血盟団は、政友会の犬養毅ら、民政党の若槻礼次郎ら、また元老西園寺公望、内大臣牧野伸顕らをも暗殺しようとねらっていた。

井上は、海軍の急進将校らの代表、二十九歳の飛行将校藤井斉《ひとし》大尉（五十三期）と語りあううちに、

「ロンドン条約が日本の大陸支配の機会を失わせる。一九三六年（昭和十一年）にロンドン条約の期限が切れ、米海軍の兵力が強大になるまえに、全面戦争に突入できる体制をつくらなければならない」

と考えるようになり、その障害となる政党人、重臣などを殺す気になったという。

藤井は、加藤寛治、末次信正らの宣伝につよい影響をうけていた。

二ヵ月後の昭和七年五月十五日、三上卓《たかし》中尉（五十四期）、古賀清志中尉（五十六期）、山岸宏中尉（五十六期）ら海軍の青年将校六人を中核とするテロ集団が、首相犬養毅を射殺し、牧野伸顕邸、政友会本部、三菱銀行に手榴弾を投げこんだ。

藤井斉が彼らのリーダーであったが、三ヵ月まえの二月五日、上海方面の飛行偵察中に戦死していた。

犬養の死去によって、五月十六日、犬養内閣は総辞職した。

五月二十二日午後、参内した八十二歳の元老西園寺は後継内閣首班に七十三歳の元海相斎藤実《まこと》（六期、退役海軍大将）を推薦した。

斎藤は明治三十九年（一九〇六）一月、海軍大将山本権兵衛海相の後任として、中将で海相に任命され、大正元年（一九一二）十月、大将に進級した。この間、加藤友三郎は、明治

三十九年（一九〇六）一月、少将で斎藤海相の海軍次官兼軍務局長に任命され、明治四十一年八月、中将に進級していた。

昭和二年（一九二七）四月から九月まで、海軍大将斎藤は、ジュネーブ（スイス）軍縮会議全権委員をつとめ、昭和四年八月から六年六月まで朝鮮総督になっていた。

斎藤は海軍合理主義を元祖の山本権兵衛からうけつぎ、加藤友三郎にひきつがせた海軍軍政家で、対米英協調主義者であった。

西園寺はこのような斎藤の経歴・人格・思想を見て、五・一五事件後の首相にふさわしいと判断したのであろう。

内閣首班の斎藤は、対米英強硬派で策謀家の末次を拒絶し、岡田啓介を再度の海相に指名した。

五・一五事件に加わった六人の海軍青年将校らが、加藤寛治、末次信正らの宣伝に踊らされたと見られていることもあった。

こんな逸話がある。

五・一五事件の何ヵ月かのち、司令長官末次信正中将がひきいる第二艦隊が朝鮮半島南岸の鎮海湾に入っ

1932年5月26日、斎藤実内閣が成立。右端前が岡田海相

た。鎮海要港部司令官は、兵学校で末次より二期後輩の米内光政中将である。ある夜の酒席で、末次と米内は激論になり、米内が末次の胸ぐらをつかみ、

「五・一五事件の陰の張本人は君だ。ロンドン会議以来、若い者を焚きつけ、ああいうことを言わせたりやらせたりした。もってのほかだ」

とどなりつけた。大男の米内が柔道で抜群の猛者《もさ》だと知っている小柄な策謀家の末次は、危険を感じて沈黙した。

斎藤実の依頼をうけた岡田啓介は、五月二十五日午後、元帥東郷を麹町の自宅に訪ねた。

「それはご苦労だが、あなたがなるよりほかにしかたがない。困った世の中になった。海軍は上下一致協力してやらねばならぬ。厳格にしっかりやってもらいたい」

東郷はそう言った。

岡田は海軍省にゆき、それを大角に伝え、ついでおなじ赤煉瓦ビル内の軍令部長室に伏見宮を訪ねた。伏見宮は、加藤寛治から末次を次期海相にと頼まれたことはオクビにも出さずに、激励した。

「それはご苦労ながらあなたがなるよりしかたがない。どうぞ、もし大命降下したなら、今回の不祥事に対し、断然たる処置をしてもらいたい」

五月二十六日、斎藤首班の「挙国一致」内閣が成立した。

政友会も民政党も、陸海軍の狂信的青年将校らに襲撃されることを恐れ、斎藤内閣に反対しなかった。

大正十三年（一九二四）六月、元外相の加藤高明を首相とする護憲三派内閣（憲政会・政友会・革新倶楽部）が成立して以来、八年間つづいた政党内閣はこれで消滅し、太平洋戦争が終わるまで、ついに再現しなかった。

犬養毅、森恪、鳩山一郎らが、目先の政権欲にかられ、「統帥権干犯」という、戦争ガンを発生させるような毒物を撒《ま》き散らした結果である。

昭和七年五月二十七日、明治三十八年（一九〇五）のこの日は、司令長官東郷平八郎がひきいる連合艦隊がロシアのバルチック艦隊を撃滅同然に打ち破った日本海海戦があった日で、海軍記念日だが、海軍軍令部長の伏見宮大将は元帥府に列せられ、元帥の称号を授与された。正式には元帥海軍大将伏見宮博恭王となる。また元帥には、終生現役という特典があたえられる。

こうして伏見宮は、陸軍の参謀総長閑院宮載仁《ことひと》親王元帥と対等になり、元老西園寺以下重臣、天皇側近者に対しても、一段と威圧をあたえる権威を身につけた。

第6章　海軍軍国主義化の二つの動力源

軍令部と陸軍に屈した海相大角

東京築地の海軍大学校で二年八ヵ月間、戦略教官をしていた井上成美《しげよし》大佐（三十七期）は、昭和七年（一九三二）十月一日、軍務局第一課長候補として海軍省に着任した。軍務局第一課長は、海軍の中央経営機関である海軍省の中軸で、海軍大臣コースのポストである。

つけ加えると、海軍大学校は、昭和七年九月、省線（現JR）目黒駅ちかくの品川区上大崎に新校舎が落成して、築地から移転した。

軍令部次長高橋三吉中将は、昭和四年十一月から七年二月まで海軍大学校長であったから、五十歳の高橋と四十三歳にまじかい井上は旧知の間柄である。

しかし両人は、性格も思想も反対といえるくらいで、相性はよくない。

戦略教官の井上は、海大甲種学生たちに、戦史よりも数学理論によって戦略、戦術を講義することが多かった。前記したが、甲種学生は海軍の高級幹部候補生で、高等用兵（軍隊の用法）と軍政（軍事上の政務）を学ぶものである。

それに対して校長高橋は、

「精神力と術力（戦術、戦技などの技量）を加味しない純数学的な講義をすることは士気に影響する」

と批判した。

井上の論法では、兵力が劣勢の日本海軍は米海軍に勝算が立たない、というのである。

井上成美は合理主義・戦略を重んじ、高橋三吉は精神力・戦術・戦技を重んじる海軍将校だったようである。

海軍省に着任した井上は、さっそく高橋によびつけられて、次長室に入った。

高橋は、高橋とは立場も反対の井上に、圧力をかけるように言った。

「自分はロンドン会議以来の海軍の陰惨な空気（軍令部の主張が通らず、鬱憤が溜りに溜っている）を一掃しようと思っている。統帥権の問題などもあって改正しなければならぬと思う点もあるから、十分君にお願いする。」

これらのことはいまやらねばやれぬ」

井上は愕然として、「これは由々《ゆゆ》しい一大事だ」と思い、「いまやらねばやれぬ」というのは、伏見宮が在任中ということだと、ひしひし感じた。

たしかに、軍令部は伏見宮の権威をたのみ海軍の主導権をにぎろうとしていた。

昭和七年十一月一日、井上成美の軍務局第一課長が発令された。

ときの海相は岡田啓介大将、次官は藤田尚徳《ひさのり》中将（高橋三吉、米内光政とおなじく二十九期、のちに大将）、軍務局長は寺島健《てらしまけん》少将（三十一期、七年十二月中将）で、これに井上をふくむ四人は、山本権兵衛、斎藤実、加藤友三郎の海軍合理主義をひきつぐ顔ぶれであった。

この日、軍令部側では、少将及川古志郎にかわり、元連合艦隊参謀長、前軍令部第三班（情報担当）長の少将嶋田繁太郎《しげたろう》が第一班長に就任した。

四十九歳の嶋田は、堀悌吉、山本五十六、吉田善吾（堀をのぞく三人はのちに大将）とおなじく海兵三十二期生だが、おもに軍令系のコースを歩んできたので、第一班長就任は自然ななりゆきである。

昭和八年（一九三三）一月九日、海相岡田啓介は海相を依願辞任し、伏見宮気に入りの大《お》角岑生《すみみねお》が海相に再任された。岡田の辞任理由は、一月二十日に満六十五歳で海軍の定年になるからということであった。しかし留任できないことはなく、定年よりも、伏見宮の横車を制止しきれないことが、大きな理由であったらしい。

大角の海相再任は、伏見宮の意に合わせたようである。

ところが新海相大角は、一月二十三日、海軍次官藤田以下には内密で、軍令部長伏見宮、陸相荒木貞夫、参謀総長閑院宮と会談し、「兵力量ノ決定ニ就《つい》テ」という最高機密の覚書に署名した。

「兵力量は国防用兵上絶対必要の要素であるから、統帥の幕僚たる参謀総長、軍令部長が立案する。

最終的決定前の手続きにおいては、政府と十分の協調を保持し慎重審議するが、決定はこの帷幄《いあく》機関（参謀本部と軍令部）を通じておこなわれるものである」という要旨の、従来の海軍方式をひっくりかえす兵力量決定法である。

さらにこの秘密会談開催には、加藤寛治のウラ工作もあった。

海相大角か軍令部次長高橋から、覚書「兵力量ノ決定ニ就テ」の写しが、軍事参議官加藤寛治にわたされ、加藤はそれを二月十八日、書留で枢密院顧問の子爵金子堅太郎に送った。

つまり加藤は、帝国憲法の起草に加わった法律家で国家主義者の金子の知恵を借り、軍令部の権限拡大に関して、伏見宮の後押しをしたのである（野村実著『歴史のなかの日本海軍』、坂井景南著『英傑加藤寛治』参照）。

海相　大角岑生

関東軍が中心となり、日本が清国の廃帝溥儀《ふぎ》を執政とする満州国を建国させたのは昭和七年三月一日であったが、国際連盟（第一次大戦後、ベルサイユ条約の規定にしたがって、一九二〇年一月に成立した、世界平和の確保と国際協力の促進とを目的とする諸国家の団体）はそれを承認しなかった。

昭和八年二月二十四日の国際連盟総会は、満州

国の否認、日本軍の満州撤退勧告案を四十二対一（日本）で採択し、日本代表松岡洋右《ようすけ》は、連盟に挑戦する姿勢で、

「日本政府は日支紛争に関し国際連盟と協力せんとする努力の限界に達したことを感ぜざるをえない」

と宣告して、退席した。

日本は三月二十七日、国際連盟に対して脱退の文書を送った。しかし、ここから世界の孤児の道を歩むことになった。

軍令部と職を賭して戦った井上成美の主張

軍令部が権限拡大の目標にしている「軍令部条例」と「省部（海軍省と軍令部）互渉規定」の改定案が、軍令部から海軍省に提示されたのは、昭和八年三月二日である。

「軍令部条例」改定案に書かれた軍令部の要求は三点あった。

一、「海軍軍令部」の名称を「軍令部」とし、「海軍軍令部長」を「軍令部総長」に変更すること。

二、「海軍軍令部長は国防用兵に関することに参画し、親裁（天皇の採決）の後、これを海軍大臣に移す。ただし……」を「総長は国防用兵の計画を掌《つかさど》り、用兵の事を伝達す」に改めること（「」内は平易に書きなおした）。

三、軍令部条例第六条の「軍令部参謀の分掌事項」をすべて削除すること。

ということである。

これに対して海軍省は、

一、「海軍軍令部」の「海軍」を取ることには反対する。

二、「用兵の事を伝達す」の用兵の定義が不明確であるから承認できない。

三、「参謀の分掌事項」を削除すれば、軍令部は何にでも干渉する可能性があるので同意できない。

という見解を示した。

軍令部の「省部互渉規定改定案」は、海軍省の権限の相当部分を軍令部にうつせというものだが、その詳細は省略する。

「軍令部条例」「省部互渉規定」の改定に対する軍令部の主務者は一班二課長の南雲忠一大佐で、海軍省の主務者は軍務局一課長の井上成美大佐であった。

井上は兵学校で南雲の一期後輩だが、伏見宮、高橋を背景にもつ南雲が高圧的にせまるのに対し、断乎《だんこ》として軍令部の要求を峻拒しつづけた。

南雲は、「貴様の机、ひっくりかえしてやるぞ」とか、「短刀でワキ腹をざくっとやればそれっきりだ」「殺してやる」などと、井上をおどしたという。

ある日、井上は、

「そんなオドシでへこたれるようで、いまの職務がつとまるか。これを見せてやる」

と言って、用意の遺書を南雲にわたした。

「井上成美遺書　本人死せばクラス会幹事開封ありたし。

一、どこにも借金なし

二、娘は高女だけは卒業させ、出来れば海軍士官へ嫁がせしめたし」

これでさすがの南雲も、圧力で井上を屈服させることを断念した。クラス会は、海兵三十七期会である。

井上成美は、明治二十二年（一八八九）十二月、仙台に生まれ、明治四十二年（一九〇九）十一月、三十七期百七十九人中の二番で兵学校を卒業し、大尉、少佐にわたる大正七年（一九一八）十二月から大正十一年一月まで、スイス、フランスに駐在した。

大正十三年（一九二四）十一月、少佐で海軍大学校甲種学生二十二期（二十一人）を卒業し、翌十二月海軍省軍務局第一課局員、昭和二年（一九二七）十二月中佐の駐イタリア日本大使館付武官、五年一月大佐の海大戦略教官になった。

太平洋戦争終戦一年まえの昭和十九年（一九四四）八月、中将六年目で海軍次官に任命され、海相（二回目）米内光政大将を補佐して終戦工作に尽力し、二十年五月大将の軍事参議官となり、戦争終結に協力する。

元海軍少将高木惣吉《そうきち》（四十三期）筆録『軍令部改正之経緯』によると、軍令部とわたりあった軍務局一課長当時の井上の主張には、つぎのようなことがある。平易に書きなおす。

「兵力の準備は海軍省が担当し、その準備された兵力を軍令部が活用するというのが本来の姿である。

……兵力の準備は経費と密接な関係があり、海軍省の手からはなすわけにはいかない。これは国務大臣たる海軍大臣の、憲法上の輔弼《ほひつ》の責任範囲に入る。……軍令部長は天皇に対してのみ補翼《ほよく》の責任があり、憲法上の機関ではないから法の上での責任をとらない。憲法上、議会に責任を持つ国務大臣としての海軍大臣の部下でもない。大臣の監督権もおよばないこの軍令部長に、予算と人事をふくむ強大な権限をあたえることは、軍令部に独走を許し、果ては戦争につながる危険がある」

この井上の主張は正論で、軍令部は、財部海相時代まえの「軍令部条例」「省部事務互渉規定」にしたがって、任務にベストを尽くすべきであった。

南雲と井上の交渉開始から三ヵ月すぎた昭和八年六月ごろ、部長伏見宮が次長高橋に小言を言った。

「非常におそい、いったいどこに停滞しているのか」

「軍務局の第一課でまだにぎっております」

「課長を辞めさせたらいいじゃないか」（『西園寺公と政局』三、参照）

南雲と井上の交渉ではラチがあかないと見た高橋は、六月二十六日、一班長嶋田に軍務局長寺島との交渉を命じた。

しかし寺島も言うことを聞かず、逆に伏見宮に対して、

「軍令部長はいつも殿下のような私心のない皇族とはかぎりません。人民中の野心ある人が軍令部長となり、海軍大臣を軽視すると大きな過《あやま》ちとなります。

制度はまちがいのない責任体制を持たねばなりません。軍務局長として、殿下のお気持はわかりますが、この点は曲げられません」

と、皮肉な諫言《かんげん》をして、伏見宮の不興を買うほどであった。

高橋は自分がのり出すことにして、七月三日、兵学校同期の次官藤田にかけあった。しかしここでもラチはあかなかった。

七月十日、高橋は伏見宮の代理という資格で大角に会い、以後連日交渉をすませ、七月十七日、軍令部の改定案に対して、基本的に大角を同意させた。

大角は一月二十三日に「兵力量ノ決定ニ就テ」という覚書に自分勝手に署名し、だれにもそれを明かさないでいたくらいなので、予定の行動だったかもしれない。

八月四日夜、寺島は西園寺の秘書原田熊雄を訪ねて、実情をぶちまけた。

「わたしは九月一日、練習艦隊司令官となって出てゆく。

大角海相のちかごろの態度はことごとくよわくて困る。それというのは、軍令部長宮《のみや》がしきりに海軍大臣と軍令部長との間の権限について、現在の陸軍における陸軍大臣と参謀総長との間のようになおしたいと言っておられるからだ。現にわたしも殿下のお召しにあずかって、

『今日はお前にたのみたいと思う。それは軍令部長としてではなく、おなじ海軍の先輩なり同僚なりとしての博恭《ひろやす》としてたのむ。

それは軍令部と海軍省の問題であり、ぜひ賛成してくれ。というのは、すなわち軍令部長

の権限の拡張であり、いわゆる憲法第十二条（「天皇ハ陸海軍ノ編制及常備兵額ヲ定ム」）の問題である』

というご意見をうけたまわったことがある。そこでわたしは、

『元来参謀本部と軍令部はまったくちがうのであって、海軍は平時に軍艦を動かすことが多く、その目的も戦時とはまったくちがった方面のことが多いのです。たとえば移民保護とか貿易保護とかの平和な目的の場合には、海軍大臣がだいたいおこなうことになっております』

とお答えした。

このように軍令部長がおっしゃったことについては、要するに加藤寛治大将だの金子堅太郎子爵《ししゃく》だのが、かれこれ軍令部につごうのいいような解釈をして、しきりにおだてていると いう事実がある。

それで殿下が軍令部長であられるあいだに、これを（海軍省に）押しつけようというのだ。このことについては、大角海軍大臣がすでに殿下と約束ずみになっているらしい。以後は陛下に直接お話があることになるから、なんとか食いとめようと思ったけれども、はなはだむずかしい」――

八月二十六日、軍令部出仕（無任所）兼海軍省出仕軍務局勤務になった金沢正夫大佐（三十九期）が、省部間合意事項の法文化にかかった。

その後も省部間の意見衝突があり、軍令部の最終案のときには、伏見宮が、

「この案が通らねば、わたしは部長を辞める」

と大角におどしをかけた。

これで大角は屈服し、藤田、寺島もカブトを脱いだ。

ところが井上だけは、頑として文書にハンコを押さなかった。

九月十六日、軍務局長室によばれた井上は、寺島に肩をたたかれ、そばの藤田に宥《なだ》め顔をされたが、

「わたくしは自分で正しくないと思うことにはどうしても同意できません。今日までただ『正しきに強い』ということを守ってご奉公してまいりましたし、また自分の見るところ、当局もそれを認めて今日まで優遇してくれたのだと信じております。

したがって、自分が正しくないと信ずることに同意しろと言われるのは、この井上に節操を捨てろと迫られるにひとしいのであります。わたくしは節操を捨てたくありません。

この案を通す必要があるなら、一課長を代え、この案に判を押す人を持ってきたらよいと思います。

わたくしとしても、今日の事態に立ち至らしめた責任は感じております。いままでは正しいことなら通る海軍と信じて愉快に奉公してまいりましたが、こんな不正が横行するような海軍になったのでは、わたくしはそんな海軍にいたくありません」（井上の手記「思い出の記」続篇）

と言い張ってうごかなかった。

寺島は九月十五日付で練習艦隊司令官に転任の辞令が出たが、軍令部側の要請で改正案成立まで赴任をのばすことになった。

九月二十日、たいていの者が羨望する軍務局第一課長の職を、海軍大学校の同期生で恩賜の軍刀を授与された阿部勝雄大佐（四十期）にひきついだ井上は、横須賀鎮守府付となり、首を洗って命を待つ身となった。

軍事力第一主義の軍令部令が施行

九月二十一日、大角は海相官邸に軍事参議官らをあつめ、午後三時から改定の経過を説明し、全員の同意を得た。

加藤寛治が祝辞を述べ、伏見宮が大角に謝意を表した。カラクリは明らかである。

加藤はこの日の日記に書いた。

「午後三時非公式軍事参議官会議、軍令条例改正ノ件可決シ統帥権確立ス」

九月二十五日、大角は新任の軍務局長吉田善吾少将（三十二期）、金沢正夫大佐らをともない、神奈川県三浦半島西岸葉山の御用邸に行った。

午前十時半、鈴木貫太郎侍従長に案内され、昭和天皇の前に立った大角は、「軍令部条例」「省部互渉規程」の改正案を説明した。

天皇は、

「軍令部長が起案し、軍令部長が奉行《ぶぎょう》（上命を奉じて執り行なう）するとせば、政府との連絡に支障を避けるための考慮はどうか」

というような質問をいくつもかさね、脂汗を噴き出す大角に、さらに釘を刺すように、

「政府との連絡に支障を避けるための考慮については、筆記奉答せよ」

と言いわたし、一件書類を大角に差しもどした。天皇がこのような処置をとることはほとんどなく、明らかに大角不信であった。

衝撃をうけて控え室にもどった大角は、軍務局長吉田らに、

「たいへんなことになった。ご下問のいちばん重大な点は、この改正案によると、ひとつ運用を誤れば、政府の所管である予算や人事に、軍令部が過度に介入する懸念があるが、海軍大臣としてそれを回避する所信はどうか、即刻文書にして出せとのことである。すぐ準備をするように」

と深刻な顔で話した。

足ばやにきた侍従長鈴木貫太郎が、大角と問題点について話しあい、それにもとづき、金沢が鉛筆で覚書を起案した。

大角と鈴木が原稿にうなずくと、海軍省秘書官矢牧《やまき》章少佐（四十六期）が筆で清書し、大角が署名した。鈴木はその覚書を手に、奥にいそいだ。

しばらくしてもどってきた鈴木は、

「あれで陛下はご満足されたようだ」

と大角につたえた。

明くる九月二十六日、天皇の前に立った大角は、口頭で、
「今後軍令部長に海軍大臣は十分連絡をとり、意見の一致をはかり、万遺漏なきを期します
ゆえ、ご安心をお願い申し上げます」
と、調子のよい口調で、覚書の補足説明をおこなった。
ところが天皇は、大角のことばをはねつけるように、峻厳に言いわたした。
「自分がたずねているのはその点ではない。海軍大臣と軍令部長の意見一致というのではな
く、内閣との意見の一致を必要とする意味なのだ。
満州事変以来、ときには陸軍大臣と参謀総長の意見一致しおるも、内閣と相違した場合が
あった。これはあとで適当な手つづきを取り、さしつかえなからしめたが、要はこの点にあ
る。それを十分考慮すべきである」
核心を衝かれた大角は、冷汗三斗でひき下がった。
天皇の内意と、井上の見解はおなじだったようである。
新軍令条例は、昭和八年（一九三三）九月二十六日付で「軍令部令」という名称にされ、
十月一日から施行となった。
「軍令部令」と旧「軍令部条例」のおもな条項はつぎのとおりである。カッコ内が旧「軍令
部条例」である。片カナは平がなになおす。
第一条　軍令部は国防用兵の事を掌《つかさど》る所とす

（海軍軍令部は国防用兵に関する事を掌る所とす）

第二条　軍令部に総長を置く　親補《しんぽ》とす
総長は天皇に直隷《ちょくれい》し　帷幄《いあく》の機務に参画し軍令部を統轄す
（海軍軍令部に部長を置く　海軍軍令部長は天皇に直隷し、帷幄に参し、又海軍軍令部の部務を統理す　海軍軍令部長は親補とす）

第三条　総長は国防用兵の計画を掌り　用兵の事を伝達す
（海軍軍令部長は国防用兵に関することに参画し　親裁の後之《これ》を海軍大臣に移す　但し戦時に在りて大本営を置かれざる場合に於ては、作戦に関することは海軍軍令部長之を伝達す）

「親補」は天皇が親署によって官に任ずることで、「親裁」は天皇の裁決である。
新省部互渉規定は、「海軍省軍令部業務互渉規程」という名称にされ、おなじく十月一日付で制定発令された。
人事については従来どおり海軍大臣の起案とし、「参謀観の補職」だけ省部の交渉を必要とするということになった。しかし、兵科将官と艦船部隊指揮官は別に覚書をもってこれに準ずると、大幅に軍令部寄りになった。
海軍軍国主義化の動力源にされた伏見宮と元帥東郷
この、伏見宮を軍令部長にまつりあげての海軍軍令部の権限拡大は、建軍以来政治優先の海軍省主導であった日本海軍を、軍事優先の軍令部主導の日本海軍に変えるものであった。

それに加えて、この時点から伏見宮軍令部総長が、海軍の死命を制する超法規の特権をにぎった。

従来、海軍大臣は前任者が天皇に推薦し、天皇の裁可によって就任していたが、伏見宮の同意がなければ天皇に推薦できない不文律が確定され、そのうえ将官級の高級人事も伏見宮の同意がなければ実行できなくなり、伏見宮にきらわれた将官たちは現役から追放されるまでになったのである。

日本陸軍はすでに天皇の陸軍ではなく、参謀本部と陸軍省の陸軍のようになっていたが、日本海軍はこのときから伏見宮軍令部総長の海軍のようになった。伏見宮の背後には加藤寛治がいて、陰の軍師になっている。

去る八月二十八日のことであった。加藤寛治は軍令部次長高橋三吉から、前軍令部長谷口尚真大将と前海軍次官左近司政三中将の予備役編入が内定した、と報告をうけた。

谷口は大正十二年（一九二三）三月から十四年八月まで海軍兵学校長であったが、その当時生徒だった五十三期（大正十一年八月入校、十四年七月卒業）、五十四期（同十二年四月入校、十五年三月卒業）の生徒ら数人が五・一五事件に関係もしくは参加したので、責任をとって海軍から退くと言い、九月一日、予備役に編入された。

青年将校らに煽動的宣伝をした加藤、末次は、責任を感じなかったようである。

現佐世保鎮守府司令長官左近司は、二ヵ月後の十一月、職を前第三艦隊司令長官米内光政中将にひきつぎ、翌昭和九年（一九三四）三月、予備役に編入された。

谷口、左近司ともいわゆる条約派である。

九月二十七日午後一時、海軍省に行った加藤寛治は、海相大角から、前々海軍次官で現連合艦隊司令長官小林躋造《せいぞう》大将（二十六期）と、前海軍省軍務局長、現練習艦隊司令官寺島健少将を更迭させたいと聞かされた。

加藤と大角は、軍令部総長室にゆき、伏見宮の意見を聞いた。

「大臣が決意するなら、強いてとめない」

伏見宮は、自分の責任は回避するように答えた。

寺島は病気ということで、練習艦隊司令官をおろされ、翌昭和九年三月、予備役に編入された。

小林は十一月十五日、連合艦隊司令長官をおろされ、軍事参議官になった。

同日、加藤がのぞんだとおり、第二艦隊司令長官末次信正中将が連合艦隊司令長官になり、軍令部次長高橋三吉中将が第二艦隊司令長官になり、軍令部次長には、やはり艦隊派の加藤隆義中将（三十一期）が就任した。

首を洗って待っていた井上は、思いもよらないことに、おなじく十一月十五日、天皇のお召艦である高速戦艦「比叡」艦長に任命された。

井上は、海軍省人事局第一課長清水光美《みつみ》大佐（三十六期）から、

「伏見宮殿下から、井上をよいポストにやってくれというお口添えがあった」

と聞かされた。

伏見宮と大角の意中は不明だが、ここで井上を予備役に退かせれば、井上が「軍令部条例」「省部互渉規定」の改定案文書に捺印しなかった事情が明るみに出て、伏見宮と大角の、天皇はじめ海軍部内に対する立場がきわめてわるくなると判断したためであろう。

すこしもどるが、十月三十日のことであった。興津の坐漁荘で西園寺に会った原田熊雄は、当時連合艦隊司令長官小林躋造《せいぞう》の話をつたえた。

「伏見宮殿下が、ロンドン条約に関係ある者とか、軍令部条例改正の件について海軍省側としていろいろ言ったような連中とかを、低い階級の者までその職を辞めさせた。ことに井上成美大佐を辞めさせたり（軍務局一課長辞任にとどまった）、寺島を辞めさせたりしたが、堀（悌吉、三十二期、ロンドン会議当時は次官山梨勝之進につぐ少将の海軍省軍務局長、昭和七年十一月から第一戦隊司令官）までやめさせようという空気がある（堀は八年十一月中将で無任所の『出仕』にされ、九年十一月予備役にされる）。

そういうことはやはり海軍大臣が弱いからだ。なんでもかんでも殿下のおっしゃることを聞くというのは、はなはだ面白くない」

というようなことである。

「なんとかして、宮さんが責任の地位からお退きになるようにしたい。何か方法はないだろうか」

西園寺は、途方に暮れていた。

　翌十月三十一日、原田は首相官邸に斎藤実を訪ね、それを話した。しかし、斎藤にも思案はないらしく、

「要するに、やはり海軍が注意しなければならないところは、東郷元帥と殿下のところだ」

と言うだけであった。

不可侵の皇族伏見宮と元帥東郷が、海軍軍国主義化の動力源にされているということであろう。

十一月十日前後にはこんなことがあった。内大臣秘書官長の木戸幸一は、侍従次長広幡忠隆（侯爵）から、聞き捨てならない話を聞いた。

「大角海相が、海軍首脳部の異動を内奏したところが、陛下は、『これは内大臣も侍従長も知らぬことだが……』

と前提をお置きになって、

『今回の異動は裁可しないというのではないが、はなはだ不満足に思う』

という意味のおことばを伝えられた。

大角海相は非常に恐懼《きょうく》した」

ということで、木戸は、こんどの異動がいわゆる穏健派をいちじるしく押さえた形跡があるので、天皇が「はなはだ不満足に思う」と言われたのだと推察した。

しかし大角は、その後もほとんど天皇の意に副《そ》うことなく、伏見宮の意に副うことに汲々《きゅうきゅう》としていた。大角の地位、身分を保つには、その方が安全と判断したからである。

昭和五年のロンドン会議当時中将の海軍次官で条約派の代表的存在であった山梨勝之進は、その後佐世保鎮守府司令長官、呉鎮守府司令長官に任命され、昭和七年四月大将に進級したが、十二月軍事参議官のあと、軍令部が海軍省に「軍令部条例」と「省部互渉規定」の改定案をつきつけた昭和八年三月、はやばやと予備役に追われていた。

五・一五事件のテロ青年らを讃美した陸相荒木

五・一五事件は、昭和七年五月十五日午後五時すぎ、海軍青年将校四人と陸軍士官学校の士官候補生五人が総理官邸に乱入して、拳銃で首相犬養毅を射殺し、別働隊が内大臣牧野伸顕邸、政友会本部、三菱銀行に手榴弾を投げこんだ事件であった。

彼らは、腐敗した指導階級と見る元老西園寺公望はじめ、重臣・政党・財閥・軍閥・吏僚（官僚）閥に恐怖をあたえ、反省をもとめ、天皇と国民が一体の理想国が生まれることを願ってテロをやったと主張した。

横須賀海軍軍事法廷で、三ヵ月余にわたる公判ののち、五・一五事件の被告人らに対して、判士長（裁判長）高須四郎海軍大佐（三十五期）がつぎのような判決を言いわたし、刑が確定したのは、昭和八年十一月九日である。

古賀清志中尉（五十六期）、三上卓中尉（五十四期）は禁錮十五年（求刑は死刑）

黒岩勇少尉（予備役、五十四期）は禁錮十三年（求刑は死刑）

中村義雄中尉（五十六期）、山岸宏中尉（五十六期）、村上格之少尉（五十七期）は無期禁錮（求刑は死刑）その他である。

彼らが首相暗殺につっ走った動機について、山本孝治検察官は、論告で、「その（ロンドン条約）経過に関し各機関（首相、外務省、海軍省、軍令部など）の間に多少の経緯があったとしても、これをもって、ただちに被告人が統帥権干犯の事実ありと見た（浜口内閣が加藤軍令部長の同意を得ずに兵力量の減少を決定し、ロンドン軍縮条約に調印したのは、憲法の統帥権を犯したと）るは首肯し難い。

いわゆる上奏阻止（加藤軍令部長の上奏を鈴木貫太郎侍従長が阻止したという）の問題についても、被告人の陳述を肯定する資料に欠け、根拠なきものといわねばならぬ……」とのべている。

軍令部長加藤や次長末次が、ロンドン条約調印は政府の憲法違反であるとか、鈴木侍従長が加藤の上奏を阻止したと言いふらしたことを真にうけ、政党政府を倒し、加藤、末次らの思いどおりになる政府をつくろうと意図したことにあったようである。

五・一五事件の公判がひらかれたのは、昭和八年七月二十四日からだが、この日加藤寛治は、日記にこう書いている。

「……五・一五事件公判開始、古賀ハ若槻ト財部《たからべ》ヲ痛罵ス」

若槻はロンドン会議全権委員の若槻礼次郎、財部は海相兼ロンドン会議全権委員の海軍大将財部彪《たけし》である。

横須賀海軍軍事法廷でひらかれた5・15事件の海軍側公判

八月二十四日の日記には、

「……公判証拠問題ニ入リ、予ノ名出現ス、山岸、三上統帥権問題ヲ再論ス……」

と書いている。

軍令部長（昭和八年十月からは軍令部総長）伏見宮元帥は、五・一五事件の公判の最中、海相大角岑生に、こうつたえた。

「事件の士官の志は十分理解できる。かれらの意図を国民に徹底させ、何分の援助をしてやるべきだ」

判士長の高須四郎は、昭和十六年（一九四一）八月から第一艦隊（戦艦部隊が主力）司令長官、十七年九月から南西方面（フィリピン以西）艦隊司令長官、昭和十九年三月大将に進級するが、判決まえに、海相大角、加藤、末次などから圧力がかかったことは、想像にかたくない。

この甘すぎる判決は、昭和十一年（一九三六）二月、皇道派の陸軍青年将校らによる凄惨な二・二六事件の有力な原因の一つになったにちがいない。

陸軍にも、五・一五事件の犯人らを擁護する有力な国家主義・軍国主義者がいた。

五・一五事件には、陸軍士官学校の十一人（うち五人が首相官邸にゆく）の士官候補生が加わっていた。

その十一人について、事件直後、陸相荒木貞夫中将は、

「本件に参加した者は、少年期から青年期に入った者ばかりである。その心情については涙なきをえない。名誉とか私欲とか、また売名的な行為ではない。皇国のためになると信じてやったことである。だから、これを処理するには、小乗的観念で事務的に片づけてはならない」

と、称讃すべき英雄のように語り、全員に一律禁錮四年という軽い刑を課しただけで、すませてしまった。

皇道派の青年将校らは、元老、重臣、天皇側近者、政府要人、反皇道派の陸海軍将官などを殺害しても、死刑にはならないかもしれないし、愛国の英雄と言われるようになるかもしれないと考えたようである。

昭和八年十二月八日、ロシア海軍に勝つ日本海軍の育ての親で、海軍合理主義の開祖であった退役海軍大将山本権兵衛が、摂護腺《せつご》（前立腺）肥大症で死去した。元帥東郷より五歳若い八十一歳で、従一位大勲位菊花章頸飾功一級伯爵であった。

日露戦争では世界的名戦場指揮官、昭和海軍では艦隊派の守護神であった元帥東郷平八郎が、昭和九年（一九三四）五月三十日、喉頭《こうとう》ガンで死去した。八十六歳で、従一位大勲位菊

花章頸飾功一級侯爵であった。

しかし、十一年後の昭和二十年（一九四五）、日本海軍は太平洋戦争で惨敗し、日本は壊滅状態となり、滅亡寸前で米英など連合国に降伏するのである。

第7章　日本海軍壊滅をまねく軍縮条約全廃案

第二次ロンドン会議に対する日本海軍の方針

昭和十年（一九三五）末にひらかれる第二次ロンドン会議に対する日本海軍の方針は、元帥東郷平八郎の死去直後、昭和九年（一九三四）六月にかたまった。

「比率主義をやめ、均等主義にして、その最大限兵力量も、できるだけ低くし、攻撃的な戦艦、空母は全廃する」

という軍縮案である。

これは米英が同意するはずがない案で、要するに第二次ロンドン会議を、米英の責任で決裂させようという策である。

戦艦、空母保有量の比率を協定したワシントン条約は、昭和十一年末に失効となるが、失効させるには二年まえの昭和九年末までに米国に通告しなければならない。

軍令部総長伏見宮と海相大角は、すでに条約廃棄の通告を決意していた。

昭和九年三月一日に大将に進級した連合艦隊司令長官末次信正は、六月八日、軍事参議官会議で要旨つぎのような演説をぶった。

「現下時局の中心は満州問題である。今後は海軍軍縮が重大化して、満州問題とならび、時局の中心問題となろう。

……思うに、満州を今日のようにした（日本の植民地のようにした）のは主として陸軍の功績努力によるものだが、国際連盟の抗議に屈せず、米国の恫喝《どうかつ》をしりぞけ、陸軍に後顧の憂いをなからしめたのは、西太平洋の制海権をにぎるわが海軍の厳然たる実力があったからである。

この海軍力の消長に関する軍縮問題が、満州問題と表裏因果ともに不可分のものであることは、何人も容易にうなずくことができるであろう。

世上、海軍兵力の現状維持こそが平和維持の唯一の手段であると信ずる者がいる。しかし、現状維持というのは、現に有利な位置を占めている英米のような既成大国の常套語《じょうとうご》であって、新進気鋭の日本がこれを鵜呑《うのみ》にし、かれらの拡声器のようになるのは、事態を理解しないのもはなはだしいと言うべきである。

万一つぎの軍縮会議で、退嬰《たいえい》的となり、ロンドン会議の失態をくりかえすならば、日本の威信は地に落ち、単に支那やソ連に軽蔑されるばかりか、満州の支持さえ困難となるにちがいない」（『戦史叢書　大本営海軍部大東亜戦争開戦経緯1』参照）

これがまた、ワシントン条約とロンドン条約の廃棄をのぞむ伏見宮海軍の根本の考え方であった。

一方、首相斎藤実は、陸海軍の政治に対する干渉を封じ、ワシントン、ロンドンの両条約をまとめ、国際的に日本が孤立しないようにしようと図っていた。

ところが、この昭和九年春、帝国人絹株式会社の株式問題にからむ贈収賄事件が摘発され、大蔵省から収賄容疑者が出たり、三土《みつち》忠造鉄道相までもかかわりあいになり、斎藤内閣は七月三日に総辞職した。

翌四日、興津から上京して参内した元老西園寺公望は、内大臣牧野伸顕《のぶあき》、清浦奎吾《けいご》、枢密院議長一木《いちき》喜徳郎《きとくろう》、高橋是清《これきよ》、若槻礼次郎、斎藤実ら重臣に会って話した。

「憲法を尊重し、外交、内政とも無理をやってはいかん。このさい岡田大将を推そうと思うが、ご援助願いたい」

斎藤がつけ加えた。

「岡田大将がもっとも適任と思う。今日までの政府のやり方をどこまでも変えないでやるでしょう」

一同は異議なく賛成した。

西園寺は昭和天皇に進言した。

「このばあい、岡田大将に大命を降下あらせられますように」

「岡田ならば、わたしももっとも安心する」

天皇は安堵して、答えた。

岡田啓介内閣は、昭和九年七月八日に成立した。

軍令部総長伏見宮元帥は、七月十二日、参内して天皇と会見し、

「これは海軍軍籍に身をおく皇族として申し上げたい」

と前おきして、次期ロンドン会議に対する海軍の意見をのべ、加藤隆義軍令部次長が書いた封書を提出した。その覚書の骨子は、

「従前の比率主義を捨て、平等の主義方針の下に邁進するほかなく、かくせざれば海軍は統制しえず」

というものであった。

天皇がなにも言わないので、伏見宮はそのままひきさがった。

鈴木貫太郎侍従長をよんだ天皇はたずねた。

「伏見宮から、皇族としてということで、かくかくの話があったが、責任の衝にいない者が、かくのごときことをかれこれ言ってくるようでは、まことに困る。措置のしようがない。

明治ご一新のころは、あるいはかくのごときこともあったかもしれぬが、憲法発布後はあるまじきことと思う。

かくのごとき文書の処置はいかにすべきか」

首相 岡田啓介

「ただ、見たとの仰せにて、殿下にご返却相成るのがよろしかろうと思います」

「責任の地位にある者が責任を取って、はじめて政治が正しくおこなわれる。責任の地位にある者の言動ならばいかようにも措置できるが、こういうことではまことに困る。この書類を返して、今後かくのごときことのないように、よく伏見宮に自分の考えを話しておいてもらいたい」

天皇は、

「もう二度とふたたび会わん」と言うような口ぶりであった。

ひきさがった鈴木は、内大臣牧野に相談した。

牧野は侍従武官長本庄繁《ほんじょうしげる》陸軍大将（昭和八年四月、奈良と交代）と話しあい、侍従武官出《いで》光万兵衛《みつまんべえ》海軍少将（三十三期）が使者として、伏見宮の許《もと》へ行った。

「これは極秘のお取りはからいでありますが……」

と前おきして、出光は仔細《しさい》を話し、封書を伏見宮に返した。

伏見宮はつよく後悔の色をみせ、

「まことにわたしが悪かった」

と答えたという。

天皇は皇族より憲法を重視し、公私の別を明らかにしたのである。

海軍大臣大角も困った男であった。

明くる七月十三日、大角は、昨日伏見宮が天皇に提出して返却された覚書とおなじものを首相岡田に示して言った。

「こんどの軍縮会議に対して海軍が決定した意見はこれです。この意見については、すでに軍令部総長が陛下に内奏されて、陛下のご承認ずみです」

不審に思った岡田は、原田熊雄をまねき、事実の調査をたのんだ。

原田が内大臣秘書官長木戸幸一に電話すると、夜、木戸から電話があった。

「陛下はあれをまだご承認になっていないから、そのつもりでいてくれ。総理にも外務大臣にもそう言ってくれ」

さらに、翌七月十四日、首相官邸で、首相岡田、外相広田弘毅、蔵相藤井真信、陸相林銑《せん》十郎《じゅうろう》大将、海相大角の五相会議がひらかれた席で、大角は一同が目を剝《む》くようなデタラメを言い出した。

「今後の各国の兵力量は、質においても量においても平等でなければならない。それが通らなければ、海軍はおさまらない」

前回の五相会議では、

「兵力量に対する比率主義を排し、均等主義を要求する。ただし、制限された総排水量（トン数）内での艦種別は、各国の自由とする」

と言っていたのである。

岡田、広田、藤井が、あいついで、

「それでは軍縮会議が成立するはずがない」

「不成立となったばあい、無限の軍備拡大になるのではないか」

と疑問をぶつけた。

さすがに大角もまずいと思ったか、

「さらに研究してみましょう」

とひきさがった。

しかし、軍令部総長伏見宮、連合艦隊長官末次信正、海軍部内の艦隊派将校、その背後にひかえる加藤寛治らは、ワシントン条約もロンドン条約も、廃案させることをぜったいに譲歩できない目的としていた。

大角は七月十六日、午前九時、加藤寛治を四谷《よつや》三光町の自宅に訪ね、軍縮問題を話しあい、午前十一時、海相官邸に軍事参議官と各司令長官を参集させて、

「各国は一律に軍縮を断行し、兵力量は各国とも平等とすべきである。この方針を堅持し、目下閣僚各大臣と協議中である」

という演説をした。

加藤寛治が軍事参議官の代表として、それに賛成し、激励の辞を述べた。

軍縮会議予備交渉代表山本五十六の苦悩

首相岡田は、昭和九年八月二十三日、那須の御用邸で天皇に意見を申しのべた。

「十月中旬からロンドンで海軍軍縮の予備会議がひらかれます。松平恒雄駐英大使と特命の

山本五十六《いそろく》少将（三十二期）に内意の訓令をわたしたいと思いますので、意見を申し上げます。

第一は、来年度の軍縮本会議の成立を見るよう、予備会議で努力すること。

第二は、帝国国防の安全のために、国防の平等権を尊重し、攻撃力を減じて防衛力を強め、公平妥当な方法で縮減を計ること。その方法は軍備の均等に目標をおくが、その期間を長期間にすること。

（第三、第四は省略）

以上でございます」

「本会議の見込みはどうか」

「日本としては成立に努力する考えでございますが、なかなか事柄がむずかしいように思います」

「決裂するにしても、どうか日本が悪者にならないよう考えてくれ」

伏見宮は、九月八日午前十時三十分に参内し、軍令部総長として、予備交渉の日本代表でロンドンにいる松平恒雄と、これから日本を出発する山本五十六にあたえる訓令中、統帥に関する事項について、天皇に説明した。

「攻撃兵力である戦艦と航空母艦は全廃すること。

兵力量の各国共通の最大限度を設け、限度内の艦種は各国の自由とすること。

ワシントン条約からすみやかに脱却すること」などである。

天皇は質問した。

「軍縮協定が成立すれば、各国に平等の兵力が必要になるが、不成立に終われば、各国の兵力は不平等でさしつかえないという理由はどういうことか。また絶対平等を主張して、対米差などを状勢の如何《いかん》にかかわらず排撃しようとするものなのか」

伏見宮はいろいろ答えた。しかし天皇はなっとくしなかった。

ロンドン海軍軍縮会議予備交渉代表の特命を帯びた海軍少将山本五十六は、昭和九年（一九三四）九月二十日、午後零時五十二分、郵船北米航路の「日枝丸」で、雨の中、横浜港を出港した。

多数の見送り人のひとりであった軍事参議官大将の加藤寛治は、日記に聞いた。

「……見送盛也、但シ山本少シク上《の》ボセ気味、大《おおい》ニ托《たく》スルニ不足……」

山本が加藤側ではなく岡田側なので、不快だったのであろう。

東京を出発するすこしまえ、山本は兵学校同期の親友堀悌吉が予備役に追われるというウワサを聞いて衝撃をうけ、海相大角を訪ね、そのようなことがないように訴えた。

伏見宮には請願書を書き、それをやはり同期の軍令部第一部長（昭和八年十月から第一班が第一部と改称された）嶋田繁太郎少将にたのみ、伏見宮に提出してもらうことにした。

伏見宮のいちばんの気に入りになっている嶋田は、気がすすまなかったが、九月十八日、山本の請願書を伏見宮に提出した。

眼を通した伏見宮は、

「わたしは人事、とくに退職問題には関与しないことにしているから」

と言って、ソッケなく嶋田に返し、嶋田もだまってうけとった。

堀を快く思っていなかった伏見宮は、機会を見て、堀も、谷口、山梨、左近司、寺島らとおなじように予備役に退かせようと考えていたが、このころすでに、大角に堀退職を断行させる肚を決めていたのである。

一ヵ月後の十月二十六日、午前九時、海軍省で最高進級会議がひらかれ、大角は無任所中将の堀悌吉と、元駐米大使館付武官、現海軍省軍事普及部委員長坂野常善少将（三十三期）の予備役編入を決定した。坂野は艦隊派から条約派として白眼視されていたのである。

海軍中将 堀悌吉

加藤寛治は、この日の日記に、

「……堀、坂野問題決ス……」

と、眼の上のコブが取れ、さばさばしたと言うように書いた。

堀は、明治三十七年（一九〇四）十一月、三十二期百九十二人中の首席で兵学校を卒業し、おもに軍政系の勤務で力量を発揮し、加藤友三郎の後継者のような存在であった。

十二月十日、中将堀は待命とされ、十五日付で予備役編入とされた。昭和八年十一月十五日に中将に進級して、一年一ヵ月目である。

堀より一年おくれの昭和九年十一月十五日に中将に進級した山本五十六は、このころロンドンにいて、兵学校同期で山本と同時に中将に進級した海軍省軍務局長吉田善吾からその知らせをうけ、すぐ堀あてに、

「……坂野の件等を併せ考ふるに海軍の前途は真に寒心の至《いたり》なり如此《かくのごとき》人事が行はるる今日の海軍に対し之が救済の為め努力するも到底六《むつ》かしと思はる。矢張り山梨さん(勝之進大将)が言はれる如く海軍自体の慢心に斃《たお》るるの悲境に一旦《いったん》陥りたる後立直すの外なきにあらざるやを思はしむ」

という手紙を書いた。

米国にワシントン条約の廃棄通告

米国大統領ルーズベルトは、一九三四年(昭和九年)九月二十六日、国務長官ハル、海軍作戦部長(日本の軍令部総長に相当)スタンドレーなど首脳らと、極東政策について協議した。スタンドレーが、

「米国が中国その他に対して、あくまで門戸開放政策、九ヵ国条約、不戦条約(国際紛争の解決は戦争によらず、すべて平和的手段によるべきことを約した条約で、一九二八年にパリで締結された)などを履行しようとするなら、海軍は必要な兵力を保持しなければならない。

もしそうでなければ、米国は中国など極東諸国との貿易を断念して、日本の挑戦をうけるまえに本国にひきさがるべきだ」

と発言すると、それがきっかけで、

「ここで軍隊の使用を断念するようなことがあれば、米国民は、『米国政府は日本のいっそうの侵略を許すことにした』と見るであろう。

米海軍は必要な兵力を維持しなければならない」

ということに、一同が一致した。

米国は、日本との戦いを辞さないと決意したのである。

ただ、日本と根本的にちがっているのは、軍部が政府に絶対に従うということであった。

昭和九年十月二十九日午後二時、参謀総長閑院宮と軍令部総長伏見宮の両元帥は、昭和天皇に、

「ワシントン海軍条約廃止にともなう国防上の関係について、元帥会議にご諮詢《しじゅん》（相談）あらせられたい」

と進言した。天皇は、

「ワシントン条約廃止通告をなぜいそがねばならないのか、その理由はどういうものか」

と反問した。伏見宮が、

「廃案のあとは、新条約のできると否とにかかわらず、これに応ずる対策を一日もすみやか

にしないわけにはまいりません」

と答えると、天皇は森厳《しんげん》な態度で、

「元帥府の機構は、現在、ほかに梨本宮（守正王、陸軍元帥）一名だけで、可決が明瞭である。形式的の元帥会議をひらく必要があるか」

とさらに反問した。

「仰せまことにごもっともですが、事重大なるがゆえに、慎重な取り扱いを必要とし、ご諮詢を奏請いたす次第です」

伏見宮は天皇に、なにがなんでもワシントン条約廃案を承認させようと食い下がった。

十月三十一日午前十一時から、宮中で形式的な元帥会議がひらかれ、閑院宮と伏見宮の両人が、天皇に、

「奉答文（閑院宮と伏見宮連名）を内閣に閲覧せしめられたくお願い申し上げます」

と進言した。天皇は、

「事重大なるゆえ、関係当局をしてなお慎重に審議させる。軍部はその意図のみ主張し、協調を誤るがごときことのないよう注意せよ」

と、閑院宮、伏見宮の一方的な態度をきびしく批判するように言いわたした。

岡田啓介首相は、十一月二日午後、参内して、天皇に、

「元帥の奉答文を閲覧させていただきました。政府においてもワシントン条約廃止の方針の下に、研究を準備しております」

と報告した。

天皇にしても、岡田にしても、それぞれ陸海軍を代表する二人の皇族元帥総長が相手では、これ以上手の打ちようがなかったであろう。

それにしても、皇族を参謀総長や軍令部総長のような権力の座に就任させた人事は、大失敗と言うほかないものであった。

陸海両総長の横車を阻止できず、押し負けた岡田内閣は、昭和九年十二月三日の閣議で、ワシントン条約の単独廃棄通告を確認し、十二月二十二日、それを斎藤博駐米大使に打電し、斎藤は二十九日、ハル国務長官に通告した。

加藤寛治は、十二月二十二日午後、多磨墓地（現都下府中市多磨霊園）の元帥東郷の墓に詣で、怨み深いワシントン条約がついに念願かなって廃案されることになったと報告した。ついで二十四日、軍令部に伏見宮を訪ね、統帥権問題と条約廃止の二大事業の達成について、祝いのことばをのべた。

その二大事業の達成が、日本海軍の壊滅、日本の滅亡寸前の降伏につながるとは、夢にも思わなかったのである。

第二次ロンドン会議も不成立に終わる

海軍少将山本五十六（十一月十五日中将）が出席した第二次ロンドン会議予備交渉は、予想どおり不調に終わり、十二月二十日、正式休会となった。

本会議は、一年後の昭和十年（一九三五）十二月九日から英国外務省でひらかれた。日本代表の全権海軍大将永野修身《おさみ》（二十八期、昭和九年三月大将）は、英米の全権に日本の「共通最大限度案」を説明した。

英国のチャトフィールド軍令部長は、

「英国は太平洋における優位は望まないが、均等を欲する。共通最大限の下では、日英の兵力が均等なら、英国はその全兵力を集中しなければ均等になれない。その集中が不可能であることは閣下も認めるところでありましょう。それならば、日本は太平洋における英国の劣勢を恒久的なものにしようと言うのですか」

と反問した。

米国のスタンドレー海軍作戦部長は言った。

「日本に均等をあたえるとすれば、フィリピン海域ばかりか、アラスカ海域においても日本に優越をあたえることになる。日本にはフィリピンを攻略する意図があるという米国人が多数いるのに、このような案はとうてい受諾できるものではない。それは理屈ではなく、現実の問題である」

第二次ロンドン会議は、昭和十一年一月十五日、不成立に終わり、日本はこの会議からも脱退した。

首相岡田啓介は、太平洋戦争終戦後の昭和二十五年（一九五〇）になってのことだが、この当時のことについて、

「三六危機というけれど（ワシントン・ロンドン条約が廃案される一九三六年が危機と喧伝《けんでん》された）、わたしはそんなことから軍備拡張をとなえるのは、かえってまちがっていると思っていた。

だいいちやろうったって、日本は貧乏な国だから、とても米国に対抗できやせん。それをよく考えなければならない。

国防の問題は、むしろ外交で解決するのがよい。だから新しい軍縮条約を結ばなければならないし、ぜひそれをやろうという気があった。

陛下は、なるべく軍備競争などやらんで、つまり外国と事をかまえることのないよう、正しい日本の行き方をお望みになっていた。わたしはその思し召しのようにやっていきたいと思っていた」

と語っている（『岡田啓介回顧録』）。

第8章　二・二六事件と海軍首脳らの対応

雪の降る早朝、陸軍部隊のテロ事件

艦隊派最大の実力者であった加藤寛治が、昭和十年（一九三五）十一月二日、大将の定年満六十五歳になって、後備役に編入された。

そののちは、加藤の海軍に対する発言力も、ほとんどなくなった。

雪が降る昭和十一年（一九三六）二月二十六日午前五時すぎ、陸軍の皇道派青年将校二十一名が、独断で私的に千四百余人の武装下士官兵を指揮して、警視庁、首相・陸相・侍従長の各官邸、内大臣・蔵相・教育総監（陸軍）の各私邸、および湯河原伊藤屋別館光風荘、朝日新聞社などを襲撃した。

そして、岡田啓介首相身がわりの秘書官松尾伝蔵予備役陸軍歩兵大佐、内大臣斎藤実退役海軍大将、高橋是清《これきよ》蔵相、教育総監渡辺錠太郎《じょうたろう》陸軍大将の四人を惨殺し、侍従長鈴木貫太郎後備役海軍大将に瀕死の重傷を負わせた。首相官邸に潜伏していた首相岡田啓介後備役海軍大将と、湯河原光風荘に宿泊中の牧野伸顕前内大臣は、あやうく難をのがれた。

二十一人の皇道派青年将校らは、重臣、天皇側近、閣僚、反対派陸軍首脳らを殺害して、皇道派領袖《りょうしゅう》の陸軍大将真崎甚三郎《まさきじんざぶろう》（昭和八年六月進級、現軍事参議官）を首相とする内閣の成立を、昭和天皇に要求しようとしたのである。

彼らの信条は、天皇を神とし軸とする一君万民の国体を至上とし、政党政治を排して、軍人による専制政治をおこなうという非現実的なもので、それは真崎と荒木貞夫（昭和八年十月大将、現軍事参議官）の教化によるところが大であった。

午前五時半ごろ、テロ部隊リーダーのひとり、第一師団（東京）歩兵第一旅団副官の香田《こうだ》清貞《きよさだ》大尉が、集団テロの首謀者磯部浅一《あさいち》元一等主計（主計大尉に相当、昭和十年八月免官）および村中孝次《こうじ》元大尉（昭和十年八月免官）とともに、永田町三宅《みやけ》坂（現千代田区）の陸相官邸大広間で、彼らが拘束している陸相川島義之《よしゆき》大将に対面して、つぎのような「蹶起《けっき》趣意書」を朗々と読みあげた。

「謹んで惟《おもんみ》るに我が神洲たる所以《ゆえん》は、万世一神たる天皇陛下御統御の下に挙国一体生成化育を遂げ、終《つい》に八紘一宇《はっこういちう》を完《まっと》うするの国体に存す。

……しかるに頃来《けいらい》（ちかごろ）ついに不逞兇悪の徒簇出《そうしゅつ》して私心我欲をほしいままにし、至尊（天皇）絶対の尊厳を藐視《びょうし》（軽視）し、僭上（長上を侵犯する）之《こ》れ働き、万民の生成化育を阻碍《そがい》して塗炭《とたん》の病苦に呻吟せしめ、従って外侮外患日を逐《お》うて激化す。いわゆる元老

(この当時は元首相の西園寺公望ひとり)、重臣、軍閥(軍隊上層部の高官を領袖とする政治勢力)、官僚、政党等は、この国体破壊の元兇なり。

……内外真に重大危急、今にして国体破壊の不義不臣を誅戮《ちゆうりく》(罪に処して殺す)して御稜威《みいつ》(天皇の威光)を遮り御維新《いしん》(すべてが改まって新しくなる)を阻止し来れる奸賊《かんぞく》を芟除《せんじょ》(刈り除く)するに非ずんば、皇謨《こうぼ》(天皇の国家統治のはかりごと)を一空せん……

君側の奸臣軍賊を斬除《ざんじょ》して、彼の中枢を粉砕するは我等の任として能く為すべし。……

昭和十一年二月二十六日

陸軍歩兵太尉　野中四郎

外同志一同」

これには重大な誤解や曲解がいくつかあるが、その指摘は省略する。

香田が「蹶起趣意書」を読み終わると、村中孝次が、

「蹶起の趣旨を陸軍大臣を通して天聴(天皇が聴くこと)に達せしむること」ほか六つの「要望事項」をのべた。

川島の答えはあいまいであった。

歩兵第一連隊第七中隊長山口一太郎大尉が大声で叱咤《しった》した。

「蹶起部隊を賊軍か義軍か、まずそれを決めるべきです」

川島は、考えさせてくれと言って、大臣室に退いた。

午前七時十五分ごろ、皇道派の領袖真崎甚三郎大将が陸相官邸に入り(真崎の護衛憲兵金

子桂伍長の報告書による)、生気をなくした川島に声をはげまして言った。

「東京に戒厳令(事変にさいして、行政権、司法権のぜんぶまたは一部を軍の機関にゆだねる)を布いて収拾策を講じなければなるまい」

八時十分すぎ、真崎は陸相官邸を出て、車で三分もかからない紀尾井町の軍令部総長伏見宮邸に到着した。

真崎と政治・軍事に関して同志的なまじわりをつづけていた後備役海軍大将加藤寛治は、前もって電話でうちあわせていたとおり、すでに待っていた。

真崎は伏見宮に、陸相官邸で見聞した情況を報告し、

「事態かくのごとくなりましては、もはや臣下にては収拾ができません。強力なる内閣をつくって、大詔渙発《たいしょうかんぱつ》(勅令を発する)により事態を収拾するようにしていただきたい。一刻猶予すればそれだけ危険です」

と進言した(東京憲兵隊に対する加藤の「供述要旨」)。

「強力内閣」とは軍部内閣か軍部と一体の維新内閣で、「大詔渙発」は、テロに参加した将校らは法によって断罪するが、大権の発動によってその罪を許すことにするものという(真崎甚三郎調書)。

真崎のこの進言は、許可なく私的に天皇の兵をうごかし、私意によって集団テロを強行した将校らの主張を肯定するものであった。

陸軍にはこの「皇道派」に対抗的な「統制派」があるが、それは派閥対立を解消し、軍中

央部（陸軍省と参謀本部）の統制の下に、憲法に抵触せずに国家革新を実現しようという意見の一派閥である。しかし、陸軍が政治をも牛耳ろうという点では、皇道派とかわらない。主要メンバーは、永田鉄山の死後、東條英機、武藤章、冨永恭次《きょうじ》などである。

陸相川島は、午前九時半に参内し、天皇に事件の経過を報告したのち、テロ部隊の「蹶起趣意書」を読みあげた。

「なにゆえそのようなものを読み聞かせるのか」

三十四歳の天皇は、するどく詰問した。

「蹶起部隊（すでに川島はテロ部隊に同情的）の行為は統帥の本義にもとり、大官殺害も不祥事でありますが、陛下ならびに国家に尽くす至情にもとづいております。彼らのその心情をご理解していただきたいのでございます。

なお、かような大事件が起こりましたのも、現内閣の施政が民意に沿わないものが多いからと存じます。国体を明徴にし（日本の主権〈統治権〉は神聖不可侵の現人神の天皇にあるということを明らかにして、政治・経済の倫理を正し）、国民生活を安定させ、国防の充実をはかる施策をつよく実施する強力内閣をすみやかにつくらねばならぬと存じます」

と川島は答えた。

しかし天皇は、

「今回のことは精神の如何《いかん》を問わずはなはだ不本意なり。国体の精華を傷つくるものと認む。

朕《ちん》が股肱《ここう》の老臣を殺戮《さつりく》す。かくのごとき兇暴の将校ら、その精神においても何の赦すべきものありや。

陸軍大臣は内閣をつくることまで言わなくてよかろう。それよりすみやかに事件を鎮定せよ」

と戒め、恐懼して深々と頭を下げた川島に、

「すみやかに暴徒を鎮圧せよ」

と、かさねて厳命した。

集団テロの青年将校らは、「尊皇討奸」の「義軍」「蹶起部隊」と自称しているが、彼らが絶対服従しなければならない天皇は、彼らを「暴徒」と宣告したのである。

伏見宮は自分の車で、真崎と加藤は金子憲兵伍長運転の車で、伏見宮邸を出て、宮城に向かった。午前九時十分であった。

途中のことを、加藤はのちに、東京憲兵隊にこう供述している。

「一刻も早く強力内閣をつくり、事態を収拾することが必要だ。そのためには平沼騏一郎のような立派な人物の内閣を立てる必要がある、云々、という意見をかわし……」

伏見宮と真崎・加藤の車は、午前九時二十五分、宮城の侍従武官府に到着した（金子憲兵伍長の報告書）。

伏見宮が天皇に拝謁したのは、陸相川島が退出したあとであった。そこで何が話し合われ

たか、くわしくはわからない。

この当時、暗殺された斎藤実内大臣の秘書官長であった木戸幸一は、日記につぎのように書いている。

「朝、軍令部総長の宮（伏見宮）御参内になり、速かに内閣を組織せしめられること、戒厳令は御発令にならざる様にせられたきこと等の御意見の上申あり、且《か》つ右に対する陛下の御意見を伺《うかが》はる。

陛下は自分の意見は宮内大臣（湯浅倉平）に話し置けりとの御言葉あり。

殿下（伏見宮）より重ねて宮内大臣に尋ねて宜《よろ》しきやの御詞ありしに、それは保留するとの御言葉なりし由。右は武官府（侍従武官府）の手違にて、単に情況を御報告なさる（伏見宮が天皇に）との意味にて拝謁を許されたるなり」

天皇が伏見宮に自分の考えを話さず、宮内大臣から聞くことも許さなかったのは、このような政治問題に軍令部総長は干渉するものではなく、その意見も不当と判断したからであろう。

天皇は六十歳の伏見宮に命じた。

「まず事件をすみやかに鎮定せしめよ」

七日のちの三月四日、天皇は本庄侍従武官長をよび、この事件について、

「もっとも信頼する股肱の重臣および大将を殺害し、自分（天皇）を真綿で首を締めるがごとく苦悩せしめるもので、はなはだ遺憾に堪えない。

その行為は、憲法に違《たが》い（統帥権を蹂躙《じゅうりん》した）、明治天皇のお勅諭にも悖《もと》り（『軍人勅諭』のなかにある「世論《せいろん》に惑わず政治に拘《かかわ》らず」という）、国体を汚し、その明徴を傷つけるもので、深く憂慮する。このさい十分に粛軍の実を挙げ、ふたたびかかる失態なきように、しなくてはならない」

と厳戒している。

天皇の前から退出した伏見宮は、加藤と真崎に告げた。

「事件をすみやかに鎮定せよということであった」

加藤と真崎は、日本の政治を牛耳ろうとした野心を打ちくだかれたことを知った。

「テロ部隊は叛乱軍」と断定した横鎮長官米内

テロ部隊に対する陸軍首脳部の態度は、天皇のこの上なく明確な態度に反して、その後もはなはだ不明確であった。

元帥梨本宮守正王以下、真崎甚三郎、荒木貞夫、林銑十郎大将ら十人の軍事参議官の意見を聞いた陸相川島は、武力による鎮定のまえに「説得工作」をおこなう方針を定め、そのための「大臣告示」をつくった。

「一　蹶起の趣旨に就ては天聴に達せられあり
二　諸子の真意は国体顕現の至情に基くものと認む
（三、四は省略）

五　之以外は一つに大御心に悖《ま》つ」

テロ部隊を讃美しているようである。

それを聞かされたテロ部隊の将校らは、

「軍当局は自分らの行動を承認してくださったのですね」

「われわれの行動は義軍の義挙とみとめられたのですね」

と、期待の声を発した。

海軍首脳部のテロ事件に対する態度も、加藤寛治や伏見宮のように、はじめははなはだいかがわしいものであった。

しかし、準首脳だが、横須賀鎮守府司令長官米内光政中将（昭和十年十二月第二艦隊司令長官から転任）の言行は、天皇とおなじようにはじめから明確であった。

二月二十六日午前六時ごろ、横須賀市稲岡町の横須賀鎮守府うらにある官舎で後任副官阿《あ》金《がね》一夫大尉（五十二期）から電話をうけた横鎮参謀長井上成美少将（昭和十年十一月少将に進級して就任）は、降りつもった雪の中を、鎮守府に駈けつけた。

鎮守府に入った井上は、すぐ幕僚らをうごかして、つぎの措置を迅速にすすめた。

「砲術参謀を東京の実状視察に急派、掌砲兵二十人を海軍省へ急派。

緊急呼集、特別陸戦隊用意。

軽巡『木曽』出港準備。

麾《き》下《か》各部自衛警戒」

井上は、突発の五・一五事件と相沢三郎陸軍中佐の陸軍省軍務局長永田鉄山《てつざん》少将刺殺事件（昭和十年八月十二日）から、テロ事件発生を予測してこれらの策を立て、米内と先任参謀山口次平中佐（四十一期）の同意を得ていたのである。

横須賀市公郷《くごう》の官舎を出て、午前九時ごろ鎮守府に登庁した米内は、廊下で井上をつかまえてたずねた。

「陸軍が宮城を占領したらどうしようか」

「もしそうなったら、どんなことがあっても陛下を『比叡』（お召艦の高速戦艦）においで願いましょう。そのあと日本国中に号令をかけなさい。陸軍がどんなことを言っても、海軍兵力で陛下をお守りするのだと。とにかく軍艦に乗っていただければ、もうしめたものです」

「そうか、貴様、そう考えているのか。ようし俺も肚がきまった」（『歴史読本』昭和四十五年九月特別号「沈黙の提督真実を語る」―井上成美・新名丈夫対談）

司令長官訓示を起案する役の先任参謀山口は、テロ部隊を何とよんでいいか、幕僚らと相談しても結論が出なかった。陸軍が「蹶起《けっき》部隊」と称しているという情報が入ったが、井上から、

「とんでもない。海軍はあくまでも逆賊として対処する」

とはねつけられた。

山口は米内のあとから長官室に入り、米内にたずねた。

「叛乱軍」

と、米内は即座に断定し、

「今回の叛乱軍の行動は、ぜったい許すべからざるものだ。横鎮管下各部隊の所轄長（最高管理責任者）を参集させろ。それまでに、これを印刷に付しておくように」

と、自分が書いた訓示を、かたわらの後任副官阿金にわたした。

大きな四号活字で印刷された米内の訓示は、参集した所轄長の少将、大佐らに配布され、横須賀の海軍部隊は、テロ部隊を「叛乱軍」とみなす米内の方針で、事件に対処することに統一された。

天皇に事件鎮定を命ぜられた軍令部総長伏見宮は、その後ただちに、海軍部隊を東京、大阪の警護に配備させるように、軍令部次長嶋田繁太郎中将（昭和九年十一月中将、十年十二月軍令部次長）に命じた。

二月二十六日正午、土佐沖で訓練中の連合艦隊司令長官高橋三吉中将（昭和九年十一月就任）は、戦艦部隊主力の第一艦隊を東京湾へ、重巡洋艦部隊主力の第二艦隊を大阪湾へ回航するようにと、軍令部からの電報を受領した。

海軍省の海相大角岑生は、それでも逃げ腰であった。

午前十一時ごろ、首相岡田啓介の女婿で内閣書記官長の迫水久常《さこみずひさつね》が、宮中の閣議室で大角に会い、

「海軍の先輩である総理の遺体を、叛乱軍からひきとりたいので、海軍陸戦隊の援助をお願

いしたい」

と要請したが、大角は首を横に振り、

「とんでもないよ、君、そんなことをして陸海軍の戦争になったらどうする」

迫水は情けなく思い、

2・26事件の勃発にさいし、芝浦に上陸した海軍陸戦隊

「それでは、これから申し上げることを承知できないときは、聞かなかったことにしてください。じつは、総理は生存して官邸内に潜伏しています。救出のために陸戦隊を出してほしいのです」

大角は息をのみ、困惑して考え、やがて言った。

「君、ぼくはこの話は聞かなかったことにするよ」

軽巡「木曽」と第三駆逐隊の駆逐艦四隻に乗った横鎮特別陸戦隊四個大隊二千余人は、二月二十六日夕刻、霞が関の海軍省に到着し、周辺の警備につき、北側の警視庁、外務省、山王台一帯を占拠する叛乱軍と対峙《たいじ》する態勢をとった。

司令長官高橋三吉がひきいる戦艦「長門」以下四十隻の第一艦隊は、二月二十七日午後四時ごろ、東京湾に姿を現わし、芝浦沖に集結して、その砲門を東京市街に向け、重装備の陸戦隊を上陸させた。

海軍はテロ部隊を叛乱軍とみなして対処する姿勢を厳然と示したもので、天皇はじめ、陸軍、政府、国民などへの影響は大であった。

「国民よ、軍部を信頼するな」の絶叫

二月二十九日（閏年）午前八時ごろ、陸軍の戦闘機が叛乱部隊の上でビラを撒《ま》いた。

「下士官兵ニ告グ
一、今カラデモ遅クナイカラ原隊へ帰レ
二、抵抗スル者ハ全部逆賊デアルカラ射殺スル
三、オ前達ノ父母兄弟ハ国賊トナルノデ皆泣イテオルゾ
二月二十九日　戒厳司令部」

午前八時五十五分には、「兵に告ぐ」のラジオ放送が開始された。

「勅令が発せられたのである。すでに天皇陛下の御命令が発せられたのである……天皇に叛《そむ》き奉り、逆賊としての汚名を永久にうけるようなことがあってはならない。

今からでも決して遅くはないから、ただちに抵抗をやめて軍旗の下に復帰するようにせよ。そうしたら今までの罪も許されるのである……」

叛乱部隊の青年将校らは事破れたことを覚り、叛乱部隊はつぎつぎに原隊に復帰しはじめた。

午後二時すぎ、参謀次長杉山元《はじめ》中将と戒厳司令官香椎浩平《かしいこうへい》中将は参内して、事態が一段落したことを天皇に報告した。

このころ、侍従武官長本庄繁は、事件で瀕死の重傷を負わされた侍従長鈴木貫太郎がかつて話してくれたことを思い出していた。鈴木が天皇から直接聞いた話で、つぎのようなことがある。

「論語のなかに、子貢が政治を問うのに対して、孔子が答えたうち、こういうことばがある。

国に不足のことが起これば

まず兵を去れ

次に食を去れ

国家の信義に至りては遂に去る能《あた》わず

国家に信義のとくに重んずべきを説くところを深く味わうべきだ」

叛乱軍の将校らは、口々に農村出身の下士官兵がかわいそうだからやった、と言った。それならば、「まず兵を去る」ことに努めるべきであったろう。まして陸海軍の首脳らは、それに身命を賭すべきであった。

叛乱軍青年将校らのうち、香田清貞、安藤輝三大尉、栗原安秀中尉ら十五人は、五ヵ月後の七月十二日、相沢三郎中佐が処刑された代々木の東京衛戍刑務所で、銃殺刑を執行された。野中四郎大尉は、事件が終わった日の二月二十九日、西郷隆盛にならって自決し、湯河原の光風荘襲撃を指揮した河野寿《こうのひさし》航空大尉も、三月五日に自決した。

村中孝次、磯部浅一と、「首魁者」にされた思想家の北一輝《きたいっき》、西田税《みつぎ》（この二人は陸軍の人身御供といわれる）の四人は、一年後の昭和十二年八月十九日に処刑された。

青年将校らを教育指導し、事件後も彼らを援護した真崎、荒木以下の高級将校は、すべて無罪とされた。

しかし、河野寿とともに湯河原で牧野伸顕襲撃に加わっていた陸軍士官学校中退の浪人渋川善助は、七月十二日の処刑寸前、

「国民よ、軍部を信頼するな」

と絶叫していた。

陸軍の政治干渉自粛はおこなわれず

二・二六事件で崩壊した岡田啓介内閣のあと、昭和十一年三月九日、広田弘毅《こうき》内閣が成立した。広田は前外相である。

陸相が明治、大正時代の陸相、首相であった寺内正毅《まさたか》元帥の長男寺内寿一《ひさいち》大将、海相が伏見宮軍令部総長気に入りのひとり永野修身大将（二十八期）である。

二・二六事件後の陸軍部内では、皇道派の将校らがすでに予備役に追放、もしくは左遷されたか、その予定にされている。

今後の陸軍は統制派系の天下となるはずである。しかし、方法はちがっても統制派も皇道

派とおなじく、陸軍が政治を主導することを目的にしていた。

陸相寺内、参謀総長閑院宮以下の首脳部は、陸軍の内閣に対する圧力を強化するために、いち早く「軍部大臣現役武官制」を主張しはじめた。

従来の制度からすれば、予備、後備役の大将、中将も陸海軍大臣になる資格があるが、そのままでは、

「二・二六事件の責任によって現役を退いた将官連が政党人になって軍部大臣に就任し、歪《ゆが》んだ政治活動をする恐れがある」

というのである。

海相永野はそれに疑問を感じず、海軍最高の権力者伏見宮軍令部総長の承認を得て、陸軍に同意した。

内閣と議会は、陸軍の主張はもっともとみとめ、問題にしなかった。

ところが陸軍の主目的は、陸相を現役将官にかぎれば、軍中枢の意思に反する大臣が出ないうえに、意に反する内閣に陸相を出さなければ、内閣は倒れるので、陸相の思うように内閣をあやつれるということにあった。

昭和十五年一月に首相になる米内光政は、この手で倒閣の苦汁をなめさせられる。

伏見宮と永野がかんたんに陸軍に同調したのは、対米英強硬、軍拡路線を進む伏見宮が排除した海軍予備、後備役の大将、中将の動きを封じることができると考えたからのようである。

この当時の伏見宮の気に入りは、大角岑生、永野修身、高橋三吉の三大将と及川古志郎、嶋田繁太郎の二中将であった。

昭和八年十一月から一年間の連合艦隊司令長官、昭和九年十一月からも一年間の横須賀鎮守府司令長官のあと、軍事参議官に退かされた大将末次信正は、連合艦隊、横鎮時代の政治的暗躍の度が過ぎて、伏見宮からもうとまれるようになっていた。

「軍部大臣現役武官制」は、昭和十一年五月十五日の閣議で可決され、五月十八日に公布された。

二・二六事件の忌《いま》わしい経験のために、天皇、西園寺、重臣、内閣、海軍などは、陸軍の政治干渉自粛を期待したが、皇道派が消えただけで、あとはむしろこの機会に政治干渉を強化しはじめた。

「日独伊三国同盟」に化ける日独防共協定の締結

昭和十一年七月、独裁者アドルフ・ヒトラーを総統とするナチス・ドイツから日本に「日独防共協定」案が提示された。

「共産インターナショナルの活動を防ぐための情報を交換し、協力する。
中国にこの協定への参加を勧誘する。
挑発することなくソ連から締約国の一国が攻撃されたばあいは、他の一国はソ連の行動を容易にする措置をとらず、ソ連の行動を抑制する」

という要旨のものである。

前年の昭和十年七月から八月にかけ、モスクワで第七回コミンテルン（第三インターナショナル。世界各国の共産党の統一的な国際組織）大会がひらかれ、大会は全世界の共産党に六項目の方針を指令した。そのなかのＢ項、Ｆ項がつぎのようなものであった。

「ドイツ、ポーランドおよび日本に対して力を集中することは、コミンテルンの最も重要な戦術である」

「日本その他の帝国主義者および国民党（蔣介石を主席とする三民主義の政党）に対する中国共産党は、民族解放戦線を拡大して、全民族をこれに誘い、日本その他の帝国主義者の侵入を断固として排撃しなければならない」

ドイツの「日独防共協定」案は、コミンテルンの世界共産化活動に対抗するために、駐独日本大使館付陸軍武官大島浩《ひろし》少将と、ナチス党外交部長リッベントロップが協議して、つくったものであった。

日本陸軍は積極的に賛成し、統制派内でもっとも強硬な陸軍省軍事課首席課員武藤章《むとうあきら》中佐や、軍務課課員佐藤賢了《けんりよう》少佐らが、その成立のために奔走した。

佐藤少佐から陸軍案を提示された海軍省は、陸軍の真のねらいが日独軍事同盟で、ソ連を敵にまわす危険が大であるばかりか、英米をも敵にまわすおそれが多分にあると見て、不同意と回答した。

海相が永野大将、次官が長谷川清中将（三十一期）、軍務局長が豊田副武《そえむ》中将（三十三期）、

軍務局第一課長が保科《ほしな》善四郎大佐（四十一期）である。

すると陸軍は、総長閑院宮《かんいんのみや》元帥、次長西尾寿造《としぞう》中将の参謀本部を通して、総長伏見宮元帥、次長嶋田中将、第一部長近藤信竹《のぶたけ》少将の軍令部に交渉した。陸軍との協調を優先する軍令部は、字句の修正をすれば同意すると答え、参謀本部は軍令部の修正意見をうけいれた。

海軍省は軍令部の意見に反対であったが、実権をにぎる大御所の伏見宮元帥にさからうことはできず、共産主義の防衛に限定するという条件をつけることで、軍令部に同意した。

外務省も海軍省とおなじく、当初は反対であったが、陸海軍が合意したために、これもやむなく同意した。

「日独防共協定」は、昭和十一年十一月二十五日に締結された。

しかしこれは、海軍省や外務省が懸念したとおり、やがて米英をも敵とする「日独伊三国同盟」に変化し、支那事変（日中戦争）とともに、太平洋戦争の二大原因となる。

日本は、昭和九年十二月、ワシントン条約の廃棄を決定し、ついで十一年一月、ロンドン条約の廃棄を決定したが、昭和十一年十二月三十一日、両条約は期限満了となり、以後世界は海軍軍備無制限時代になった。

海軍の艦隊派、陸軍の対米英強硬派は、鎖をはずされた犬のように歓喜した。

しかし日本は、「日独防共協定」締結と海軍軍縮条約廃棄によって、国際的孤立を深めた。

第９章　出色の海相選出

米内の横鎮長官はうってつけの最適人事

横鎮長官米内《よない》光政《みつまさ》中将が、昭和十一年（一九三六）十二月一日、兵学校同期の高橋三吉大将（昭和十一年四月進級）のあとを継ぎ、中将のまま連合艦隊司令長官に就任した。

連合艦隊司令長官は、海軍大臣、軍令部総長とならび、海軍将校最高位のポストで、またもっとも魅力あるポストである。

明治十三年（一八八〇）三月、岩手県盛岡に生まれた米内光政は、明治三十四年（一九〇一）十二月、二十九期百二十五人中の六十八番で兵学校を卒業した。

明治四十四年（一九一一）十二月大尉の海軍砲術学校教官となり、兵学校で三期下の同校教官山本五十六大尉とヤジキタのような間柄になった。

大正三年（一九一四）五月、海大甲種学生十二期（十六人）を卒業して、大正四年二月から二年二ヵ月間少佐のロシア駐在、大正九年（一九二〇）六月から二年六ヵ月間少佐・中佐のポーランド、ドイツ駐在をつとめた。

大正十三年（一九二四）十一月大佐の戦艦「陸奥《むつ》」艦長（十二月一日から「陸奥」は「長門」にかわって連合艦隊旗艦になり、司令長官は大将鈴木貫太郎から大将岡田啓介にかわった）、十四年十二月少将の第二艦隊（司令長官は谷口尚真《なおみ》中将）参謀長となり、昭和五年（一九三〇）十二月中将の鎮海要港部司令官に任命された。

あとは現役を退くばかりと見られていたが、昭和七年十二月第三艦隊（中国方面警備）司令長官、八年十一月佐世保鎮守府司令長官となり、九年十一月高橋三吉中将の後任として第二艦隊（重巡部長が主力）司令長官に発令された。

このとき高橋は連合艦隊司令長官に就任し、米内と呼吸が合うコンビになった。高橋の進級・昇格が米内より速かったのは、主として兵学校卒業時の席次が、高橋は二十九期中の五番、米内は六十八番だったからである。

高橋は艦隊派、米内は対米英強硬派だが、二人は相性のいい親友で、高橋はこれも兵学校同期で昭和七年六月から九年五月まで海軍次官であった藤田尚徳《ひさのり》中将（二十九期中の十五番で卒業）とともに、米内の栄進に尽力したようである。

また大正十三年十二月から「陸奥」艦長米内大佐の器量をみこんでいた当時の連合艦隊司令長官岡田啓介は、二度目の海相を昭和八年一月に辞任するまえに、次官藤田の意見を聞き、米内の第三艦隊司令長官栄転をすすめたと思われる。

日本海軍の将官人事が、米内の例のように、兵学校の卒業席次にこだわらず、天皇の軍事に対する基本的な見解と一致するか否か、見識・人格・力量が適切か否かを的確に判断しておこなわれていれば、すくなくとも、確実な勝算のない戦争をひき起こし、無益に際限なく、敗北をつづけるようなバカな誤りは犯さずにすんだにちがいない。

昭和十年（一九三五）十二月、米内は度が過ぎる策謀家の末次信正大将にかわり横鎮長官に任命されたが、二・二六事件を思えば、まさにうってつけの最適人事であった。

つづく連合艦隊司令長官就任も、当時としては適切な人事であった。艦隊派には末次、高橋のあとは海相永野くらいしかいないし、条約派の人材はすべて予備役に追放されていたからである。

連合艦隊長官から海相就任の深い理由

昭和十二年（一九三七）一月二十一日の第七十帝国議会で、政友会の闘将浜田国松代議士が、寺内陸相に、「軍部の独裁政治意見の高まり」をするどく批判する質問をして、寺内と対立した。

陸軍は浜田に反撃し、衆議院を懲罰解散させ、陸軍に同調する衆議院に変えようと図った。

ときの海軍次官は、前年十二月一日に就任した前海軍航空本部（海軍の航空に関する行政、教育、技術の中央統一機関）長の山本五十六中将（三十二期）で、山本は陸軍のねらいを見やぶり、海相永野をはげまして、衆議院解散に反対させた。

広田弘毅内閣は、一月二十三日、衆議院を解散せずに総辞職した。

二・二六事件直後、故斎藤実のあとを継いで内大臣に就任した前宮内大臣の湯浅倉平は、後継首相に宇垣《うがき》一成《かずしげ》予備役陸軍大将を推薦し、宇垣に組閣の大命が下った。しかし陸軍が宇垣の組閣に反対して陸相を出さないので、宇垣は一月二十九日、待命拝辞を願い出た。陸軍は、早くも「軍部大臣現役武官制」を利用して、天皇命にさからい、自分らの要求を通そうとしたのである。

湯浅は、本庄繁大将の後任侍従武官長宇佐美《うさみ》興屋《おきいえ》陸軍中将に苦情をのべた。

「寺内陸相が、陸軍は宇垣大将の組閣に反対しないというので、陛下に申し上げた。ところが組閣の大命が下ると、陸軍に猛然と反対が起こって流産になった。陸軍というところはほんとうに妙なところですねえ」

宇佐美は返答に窮して黙した。

宇垣内閣を流産させた陸軍省の主要幹部は、陸軍次官梅津美治《よしじ》郎《ろう》中将、軍務局長磯谷《いそがい》廉介《れんすけ》少将、兵務局長阿南《あなみ》惟幾《これちか》少将らである。

参謀本部でも、次長西尾寿造《としぞう》中将、第一部長石原莞爾《かんじ》大佐らが協議して、陸軍省に同調した。

陸軍は、陸軍が天皇に服従すべきものではなく、天皇が陸軍に同意すべきものと考えていたわけである。

宇垣内閣流産のあと、林銑《せん》十郎予備役陸軍大将に大命が下った。陸軍はこれには反対しなかったが、ロボット視して、いろいろ注文をつけた。林は天皇から、

「軍紀風紀を正し、軍人は政治に干与すべからずの趣旨を徹底させよ」
と指示されたが、陸軍の注文を入れて組閣するのは精いっぱいであった。

海相には元海軍次官の藤田尚徳大将（高橋三吉とおなじく昭和十一年四月進級）と、末次信正大将が有力視されていた。陸軍は、陸軍に同調する末次の海相就任をのぞんだ。しかし末次は、ここ二、三年来の目にあまる政治策動のために、伏見宮にさえ忌避され、海相永野、次官山本にははなはだ不評で、次期海相に推薦されなかった。藤田は行政的手腕もあり、大局を見る目もあるが、温厚な紳士で、陸軍の圧迫を抑制する力はないようであった。

山本五十六は、

「いまはなまじの政治的手腕より、正を履《ふ》んで恐れない真の勇気が必要なのだ。米内には海軍省の要職の経験はないが、それがある。米内ならば、陸軍の悪風に汚染されかかっている海軍の空気を一新して、陸軍の暴走を抑えてくれそうだ」

と判断した。

明治十七年（一八八四）四月、新潟県長岡生まれの高野（旧姓）五十六は、明治三十七年（一九〇四）十一月、三十二期百九十二人中の十一番で兵学校を卒業し、明治四十四年（一九一一）十二月大尉の海軍砲術学校教官になり、同教官の米内と昵懇《じっこん》になった。

大正三年（一九一四）十二月、海大甲種学生十四期（二十人）に入り、五年十二月に卒業したが、その間の大正五年九月、高野から山本に改姓した。

大正八年（一九一九）五月から二年二ヵ月間少佐・中佐の米国駐在（ハーバード大学留学

など)、十二年六月から九ヵ月間欧米出張のあと、十三年十二月大佐の霞ヶ浦海軍航空隊副長兼教頭に就任した。

大正十四年（一九二五）十二月駐米大使館付武官、昭和三年（一九二八）八月軽巡「五十鈴」艦長、三年十二月空母「赤城」艦長、昭和四年十月から五年五月までロンドン会議全権随員、その間の四年十一月少将に進級した。

昭和五年（一九三〇）十二月少将の海軍航空本部技術部長、八年十月第一航空戦隊（旗艦空母「加賀」）司令官、九年九月から十年二月まで少将・中将のロンドン海軍軍縮会議予備交渉帝国（日本）代表をつとめ、十年十二月、念願の海軍航空本部長に就任した。

山本が「米内には正を履んで恐れない勇気がある」と考えたのは、二・二六事件に対して即座に「叛乱軍」と断定し、迅速果敢に必要措置をとったからである。

軍務局第一課長保科《ほしな》善四郎大佐は、

「この難局での海軍大臣は、まず私心がなく、勇気がある人でなければいけない。なんとか米内さんになってもらいたい」

と考え、各課長の意見を聞いてまわり、山本に報告した。

「いま米内に政治的な傷をつけてはいかん、連合艦隊長官としてとどまってもらうほうがいいという意見もありますが、だいたいは米内さんの線でまとまっています」

「賛成だね」

兵学校で山本の一期下で、陸軍とは犬猿の仲の豊田副武《そえむ》軍務局長も賛成した。

「大臣には君たちのまとまった意見として言え」

と、山本からせきたてられた保科は、海相永野のところに行った。

「課長級は、つぎの大臣は米内中将という意見にまとまっております。米内さんを大臣にしてください」

「米内は政治に向かないよ。米内はひきうけまい」

「わたしがお使いにまいります」

「そうか、よろしい、行ってこい」

米内を省線（現JR）山手線原宿駅にちかい渋谷区竹下町にある木造二階の平凡な私宅に訪ねた保科は、言った。

「大臣の使いとしてまいりました。次期大臣をぜひともうけてください」

米内はなにも言わずに聞いていた。

海軍省に帰った保科は、永野と山本に、

「米内さんは大丈夫と思います」

と報告した。一月末であった。

昭和十二年二月一日、よび出しをうけた米内は、海軍省二階の大臣室で永野と対座し、兵学校で一期上の永野からぜひとも海軍大臣をひきうけろと、ひざづめ談判で説得された。しかし米内はいやだと断わりつづけ、しまいには二人ともだまりこくってしまった。

そこへ三階の軍令部から、総長副官が降りてきて、伏見宮総長が待っていると告げた。永野と米内は三階の軍令部総長室へ行った。

このときのことが、『博恭王殿下を偲《しの》び奉りて』（御伝記編纂《へんさん》会編、編纂主任有馬寛、昭和二十三年七月十五日印刷、非売品）には、つぎのように書かれている。

「寡黙の人米内大将は当時の模様に就《つ》き言葉少なに語る。

自分は海軍在職中直接殿下の下に奉仕したことはなかったが、只《ただ》昭和十二年二月広田内閣に代って林内閣が出来るとき、後任大臣に推薦され、永野海相に伴われて、総長宮《そうちょうのみや》殿下に拝謁した。殿下は、

『御苦労だが海軍大臣になって貰《もら》い度《た》い』

と仰せられた。自分は自己の性格や経歴を考へ、不適任と思ったから、固く御辞退申上げた。その内永野大将は席をはずして退出して了《しま》ったので、自分は御机を隔てて殿下と対坐し、尚《なお》も辞意を翻《ひるが》へさなかったが、殿下は、

『実際やってみないで出来ないといふのは理屈《りくつ》に合わないではないかネエ』

と仰せられ、殿下の思召は大変強くあらせられる様に拝察されるので、『尚よく考えさせて頂ます』と申上げて、一旦《いったん》御前を退き、熟慮の結果遂に御承けすることに決心した次第であったが、要するに殿下の御熱意に根負けして了った恰好であった。と」

昭和八年十月に伏見宮が軍令部総長と称されるようになってから、海軍将官の重要人事は、不文律ですべて伏見宮の承認がなければ実施できなくなっていた。その伏見宮がみずから、直接の部下であったこともない者を、このように熱心に口説くというのは前代未聞で、ただ

ごとではない。

信頼していた加藤、末次が、目にあまる政治策動をして、海軍の軍紀をひどく乱していることを知った。二・二六事件のとき、伏見宮は加藤、真崎の意見を入れ、天皇に彼らの意見に沿って進言したところ、天皇に峻拒された。さいきんはまた、陸軍の横車が放置できないほどひどくなってきた。

このようなことが、伏見宮をうごかしたのかもしれない。

元海軍大佐で、海軍省人事局員・軍令部員・大本部海軍部参謀であった大井篤《あつし》（五十一期）は、『井上成美のすべて』（新人物往来社発行）のなかで、それについて、

「……米内の述懐が『自分は海軍在職中直接殿下の下に奉仕したことはなかったが……』で始まっている点を見逃せない。宮との個人的因縁を全く離れての米内選択だったことを感じさせる。これと宮の意向表示の熱心さと執拗さを合わせ考えると、陰に天皇の意向が働いたとも感じさせる。二・二六事件鎮圧に横須賀鎮守府が海軍中央（海軍省、軍令部）を鞭撻して多大の功績をあげたこと、海軍部内での米内の声望が抜群であることなどを平田昇侍従武官（少将、三十四期）が折にふれ天皇に説明していたにちがいないから。ともあれ、『やってみないで出来ないとい

海相 米内光政

ふのは理屈に合わない……』といって海相をやらせた米内にたいして、伏見宮は干渉がましい態度をとれなくなったわけで、その後の経過はそれを示している」

とのべている。そのとおりのようである。

伏見宮のところから二階の海相室にもどった米内は、ふたたび永野と話しあい、ついに大臣をひきうけることを承諾した。

前年の十一月十六日から、軍令部出仕兼海軍省出仕となり、海軍大臣室と次官室のあいだの狭いところで勤務していた前横鎮参謀長の井上成美少将は、このとき米内から声をかけられた。

「永野に三時間口説かれてね、国のためにやってくれと言われたので、とうとうひきうけたよ」

「そうですか、おうけになったらしっかりおやりなさい」

のちに井上は、朝日新聞記者の杉本健に笑って言った。

「宮様まで出られて、国家のためにどうしてもと言われて、とうとうカブトを脱いだそうだ。伏見宮様の人事にもいろいろあるが、これはいい方の出色かな」

軍令部長、軍令部総長になって以来の伏見宮には、国のためになったという功績は、軍務局一課長の井上成美をクビにしなかったことぐらいで、ほかには見当たらない。

井上が言うとおり、米内を海相に口説き落としたことは出色で、しかも最高の功績であろう。

こののちも、伏見宮が天皇・伏見宮・米内のラインを守り通したならば、海軍も日本も、惨禍から救われたにちがいない。

明くる昭和十二年二月二日、海軍省の勝手を知らない米内は、俎板《まないた》の鯉になったように、海軍大臣に就任した。

軍事参議官になっていた大将高橋三吉は、思想はちがってもウマが合う米内をなぐさめた。

「貴様はせっかく俺のあとに連合艦隊司令長官としてきたのに、大臣なんかになってしまって気の毒だ」

「そう言ってくれるのは貴様だけだ。世の中の人間は、大臣はたいへん偉いと思って祝電などをくれるが、大臣は俗吏だよ」

米内はぶちまけるように言った。

親しい新聞記者には、

「連合艦隊司令長官をやめて一軍属になるのは、まったくありがたくない」

と語った。

ところで、米内に海相をゆずった永野は、いちどはやってみたくてたまらなかった連合艦隊司令長官に、お手盛りで就任してしまった。

インテリ貴族の首相と期待された近衛

陸軍にあやつられる林内閣が、昭和十二年三月三十一日、とつぜん議会解散を強行した。

法律案も昭和十二年度予算案も通り、閉会にもちこむのが正当なのだが、「反政府の政党議員を排斥する」という勝手な言い分での解散であった。

四月一日、米内は大将に進級した。海相就任以来、失敗はなかった。しかし、平々凡々で、期待はずれではないかという声も、ぼつぼつ出はじめていた。

四月三十日の総選挙の結果は、林内閣が忌避していた民政党が百七十九、政友会が百七十五、社会大衆党が三十六で、政府支持派の国民同盟は前回とかわらず十一、昭和会は四人減った十八となった。

国民は林内閣を支持せず、軍部独裁政治に反対というものであった。

笑い者になった林は辞意を表明したが、周囲から後任候補がきまるまで待てととめられ、五月末まで首相をつづけた。

従来は元老西園寺が後継首班を推薦していたが、すでに八十八歳で能力が衰えたため、四月三十日に、

「内大臣が元老と相談して後継首班をきめ、内大臣が奉答する」

と改められていた。

六月四日、第一次近衛《このえ》文麿《ふみまろ》内閣が成立した。主な顔ぶれは、外相広田弘毅、蔵相賀屋《かや》興宣《おきのり》、陸相杉山元《はじめ》、海相米内光政である。

四十七歳の近衛は藤原鎌足《かまたり》四十六代の当主で「貴公子」と言われている。一高（旧制第一高等学校）、東大、京大を出て、貴族院議員、同議長をつとめ、軍部にも、政党にも、官僚

にも好感を持たれている。

政党人、官僚は、近衛なら陸軍をあるていど抑えられるだろうと期待していた。ところが陸軍は、近衛も天皇とおなじように、表面は立てるが、裏面では利用して、陸軍の目的を遂げようともくろんでいた。

第10章　無理押しきりなしの日中戦争

盧溝橋の銃声の真相

昭和十二年七月七日、北京西方郊外の永定河《えいてい》にかかる盧溝橋《ろこうきょう》ふきんで日中両軍が衝突し、北支（北中国）事変（のちに支那事変、日支事変、日中戦争と改称）が勃発した。

日本の支那駐屯軍が夜間演習をよそおい、中国の第二十九軍が守備する盧溝橋東側の宛平《えんぺい》県《けん》城を攻略しようとして、さきに発砲したという日本軍犯行説が、太平洋戦争後もしばらく有力であった。

ところが、盧溝橋事件を審査中の東京裁判（極東国際軍事裁判）法廷が、昭和二十二年四月二十三日、にわかに審査を中止した。直前に、中国共産党の劉少奇《りゅうしょうき》副主席が証拠を示し、「七・七事件の仕掛人は中国共産党で、現地責任者はこの俺だった」と西側記者団に発表したからである。

中国人民解放軍総政治部発行のポケット版『戦士政治課本』にはこう書かれている。

「七・七事件は劉少奇同志の指揮する抗日救国学生の一隊が決死的行動をもって党中央の指令を実行したもので、これによってわが党を滅亡させようと第六次反共戦を準備していた蔣介石南京反動政府は、世界有数の精強を誇る日本陸軍と戦わざるをえなくなった。その結果、滅亡したのは中国共産党ではなく、蔣介石南京反動政府と日本帝国主義であった」

中国共産党の抗日救国学生の一隊は、盧溝橋北方の竜王廟《りゅうおうびょう》ふきんから、宛平県城の中国軍と、同城東方の一文字山の日本軍を射撃し、双方を錯覚させ、戦わせるようにしむけたようである。

中国の抗日挙国体制確立

総長伏見宮元帥の軍令部は、七月十一日、総長閑院宮元帥の参謀本部と、「北支作戦に関する陸海軍協定」をむすんだ。要点はこういうものである。

「　作戦指導方針

つとめて作戦地域を平津（北平《ペーピン》〈北京〉と天津）地方に限定し、中南支には主義として実力を行使せず。ただしやむをえないばあいは、青島《チンタオ》、上海《シャンハイ》ふきんにおいて居留民を保護する。

陸海軍協同作戦とする。

本作戦実行中、第三国と事をかまえることは極力避ける。

　作戦任務の分担

中南支方面に対しては海軍が主として警戒に任ずる。

中南支方面の情況が悪化し、居留民の保護を要するばあいは、青島および上海ふきんに限定し、陸海軍の所要兵力が協同してこれに当たる」

八月九日、上海西部の虹橋飛行場南東で、日本海軍の上海特別陸戦隊第一中隊長大山勇夫中尉（六十期）と、自動車運転手斉藤與蔵一等水兵が、中国軍に殺害された。盧溝橋事件のように中国共産党の謀略によるものではないが、高まっていた抗日感情から意識的におこなったようである。

八月十二日午後、第三艦隊司令長官長谷川清中将（三十一期）から、海軍中央（軍令部と海軍省）に電報があった。中国軍の第八十八師が、上海北停車場ふきんと呉松《ウースン》（黄浦江が揚子江に注ぐところ）方面に進出しているので、陸軍の派兵が必要というのである。

近衛内閣は、八月十三日午前九時四十分ごろ、上海への派兵を決定し、兵力と時機は参謀本部と軍令部に一任された。両統帥部は協議して、第三師団（名古屋）、第十一師団（善通寺）などの派遣をきめた。

午前十時二十二分ごろ、虹口クリーク、宝山路交差点ふきんに陣地構築中の上海特別陸戦隊と中国軍のあいだに小衝突が起こった。午後四時五十分ごろ、八字橋方面で、中国軍の組織的攻撃があった。

国民政府主席蔣介石は、八月十三日夜、警備総司令張治中に、日本軍に対する総攻撃を命じた。

こうして上海特別陸戦隊約四千人は、中国軍約五万人と、上海周辺で全線にわたり、戦闘状態に入った。

　日本軍との戦いを決意した蔣介石は、北支は補給が困難という理由から、同方面には大軍を派遣せず、中国軍の主力を揚子江流域の諸都市に配備し、揚子江の線がやぶられたばあいは、揚子江上流の四川《しせん》省重慶など奥地深くに最後の抵抗線をきずいて抗戦をつづけるという、遠大な戦略を決定していた。

1937年8月、上海市街で交戦中の海軍上海特別陸戦隊

　八月十四日、中国機が上海特別陸戦隊本部と、上海に係留中の第三艦隊旗艦の旧装甲巡洋艦「出雲《いずも》」（日露戦争中の一等巡洋艦）などを爆撃した。
　それに対して、「出雲」と軽巡「川内《せんだい》」の艦載機二機が、中国軍の飛行場と陸上部隊を爆撃し、また台湾の台北から九六式（昭和十一年式）陸上攻撃機十八機が台風をついて飛び、杭州、広徳飛行場などを爆撃した。
　この情況下、八月十四日夜の閣議で、それまで強硬な不拡大主義者であった米内が、態度を一変し、
「かくなるうえは事変不拡大主義は消滅し、北支事変は日支事変となった。国防方針は当面の敵をすみやかに撃滅することである。日支全面作戦となったうえは、

南京（江蘇《こうそ》省の揚子江南岸にある国民政府の首都）を撃つのが当然ではないか」と、敵撃滅を主張するにいたった。

翌八月十五日に近衛内閣が発表した「盧溝橋事件に関する政府声明」の骨子は、

「……全支にわたるわが居留民の生命財産が危殆《きたい》におちいるにおよんでは、帝国としてはもはや隠忍その限度に達し、支那軍の暴戻《ぼうれい》を膺懲《ようちょう》し、南京政府（国民政府）の反省をうながすため、いまや断乎たる措置をとるのやむなきに至れり」

というものである。

この日、米内が時局について天皇に報告すると、天皇は、

「自分は海軍を信頼しているが、なおこのうえ感情に走らず、よく大局に着眼し、誤りのないようにしてもらいたい」

と、切々と希望をつたえた（軍令部次長嶋田の備忘録）。

八月十七日、閣議は不拡大方針を放棄し、戦時態勢に必要な対策を講ずることを決定した。

主席蔣介石の国民政府は、八月二十一日、ソ連と「不可侵条約」をむすび、二十二日には、中国共産党の紅軍四万五千人が一軍三個師団に改編され、国民政府軍の一部に編入されて、第八路《はちろ》軍とよばれるようになった。

中国は抗日挙国体制を確立して、対日戦争に専念し、長期戦に耐えうる態勢をつくったのである。

米内をふくむ日本陸海軍首脳は、武力を行使すれば中国は戦意を喪失すると判断したよう

だが、そうはいかない形勢になった。

十月二十日、陸軍と犬猿の仲の軍務局長豊田副武中将が第四艦隊（中国方面派遣）司令長官に転出し、元横鎮参謀長井上成美少将が軍務局長になった。

米内・山本・井上のトリオは、やがて日独伊（イタリア）三国同盟締結を阻止するために陸軍と争い、「海軍左派」とよばれるようになる。ファシズムを拒否して、海軍伝統の合理主義をつらぬこうとするからという。

この十月、陸軍や右翼と親しい軍事参議官末次信正大将が、首相近衛の要請をうけ、内閣参議に就任した。大臣格の顧問といったものである。

米内はそれを、事後相談の形で近衛からうちあけられたが、

「異議はありません。ただし海軍では、大臣以外の現役軍人は政治にかかわることを認めていません。無任所大臣のような内閣参議に就任するからには、末次大将も予備役に編入させることになります」

と答え、近衛をぎくっとさせた。

末次は海軍に残っても、軍令部総長伏見宮にさえ、

「わたしのあとは末次にはゆずらん」

とはっきり宣告されているほどなので、おもしろくないと考え、予備役編入を承知で内閣参議になったのである。

近衛が、陸軍や国家主義者の平沼騏一郎と気脈を通じる末次を近づけたのも、陸軍や右翼対策に利用することと、身の安全のためであった。

末次は、二ヵ月後の十二月十三日、国内の治安を取り締まる重要ポストの内務大臣に就任する。

蔣介石を侮った近衛内閣の大誤算

外相広田の依頼をうけた駐中国ドイツ大使オスカー・トラウトマンが、南京で蔣介石と会談して、日本側の和平条件を提示したのは、一ヵ月すこしまえの十一月五日である。

しかし蔣介石は、

「戦前の状態に復すること以上の条件には応ずることはできない。いま日本の条件に応じて兵を収めれば、中国は共産党の支配下に入ることになる」

と答え、それを拒否した。

ついで十二月二日、トラウトマンはふたたび南京で蔣介石に会った。南京は日本軍の猛攻をうけ、危機に瀕していた。その情勢のなかで、蔣介石はトラウトマンに、

「日本側提示の条件を和平会談の基礎とすることに同意する。北支の宗主権、領土保全権、行政権には変更を加えないことなどを提議し、中国は協調的精神をもって日本の要求を討議し、諒解に達する用意がある」

とのべたという（堀場一雄著『支那事変戦争指導史』時事通信社刊。堀場はこの当時参謀本

部第二課〈作戦課〉戦争指導班員の少佐）。

国民政府の首都南京は、末次が内務大臣になった日の昭和十二年十二月十三日に陥落した。しかし、国民政府は揚子江の上流四川《しせん》省の重慶へ、同政府軍（中国軍）は揚子江の中流湖北省の漢口（現武漢）方面に後退しはじめただけで、屈服する気配はなかった。

明くる十二月十四日の閣議で、外相広田が勝ちに乗じて強硬な発言をした。

「犠牲を多く出した今日、かくのごとき軽易な条件で、和平交渉をなせと言うのは容認しがたい」

内相末次と陸相杉山もおなじ趣旨のことを強調したが、首相近衛までが、

「外務大臣、陸軍大臣にまったく同意です。だいたい蔣介石は敗者にもかかわらず言辞が無礼です」

と同調、海相米内をふくむ他の閣僚も全員、和平条約の強化に賛成した。

ところが意外にも、総長閑院宮、次長多田駿《はやお》中将、第一部長下村定《さだむ》少将、作戦課長河辺虎四郎大佐、同課員高島辰彦中佐の参謀本部が、内閣の条件強化に反対した。

堀場は、このときのことを『支那事変戦争指導史』のなかで詳述しているが、要点はつぎのようなものである。

「戦争指導班は、日支両国が過去を一切清算して再出発し、善隣友好、共同防衛、経済提携の原則下に日満支を結合することを戦争目的とし、十月六日、これを内容とする解決方針を起案し、推進してきた。

……十二月十四日の閣議決定はぜったいに取り消すべしと決議した。

支那側に念を押した上での本措置は、国家の信義を破るとともに、日本は結局口実をもうけて戦争を継続し侵略すると解釈するのほかはない。これは道義に反する。

できれば支那側の今回の（十二月二日の蔣介石の）申し出を取り上げ、交渉に入るべきである。交渉に入れば、折衝妥結の道が開かれるはずである。

……無礼よばわりして、具体的な応酬がない閣議決定は戦勝に驕るもはなはだしいというものである。何をもって日支兄弟のよしみを結ぶことができようか。

戦争指導班は、この意見を参謀次長（多田駿中将）と陸軍次官梅津美治郎中将に熱誠披瀝した。梅津次官は答えた。

『このような経過はいまはじめて聞いた。私の部下にはこのような意見を上申する者はいない。趣旨は諒承する。さっそく杉山陸軍大臣に意見を述べ、閣議決定を取り消してもらおう』

しかし陸相杉山は、この日本の浮沈にかかわる重大意見をしりぞけ、十二月二十一日の閣議は、十一月五日に蔣介石に提示した和平条件をいちじるしく日本有利に変更し、蔣介石に伝達することを決定した。新和平案は、

一、満州国の承認

二、反日政策を放棄する

三、北支、内蒙古に非武装地帯を設定する

四、北支には中国主権の下に日満支三国の共存共栄を実現する機関を設定する
五、内蒙古に防共自治政府を設定する
六、防共政策を確立し、日満両国に協力する
七、中支占領地域に非武装地帯を設定、上海については両国が治安の維持および経済発展に協力する
八、日満支三国は資源の開発、関税、交易、交通、通信、航空などに所要の協定を締結する
九、賠償を支払う

というもので、日本はふたたびトラウトマン駐中国ドイツ大使を通じ、十二月二十六日、これを蔣介石につたえた。

堀場はのちに、中国側がこの条件のうち、四、七、八、九項を侵略条項とみなしたのは当然と語っている。

「支那事変処理根本方針」が、昭和十三年一月十一日、御前会議で決定された。

「中央政府（国民政府）が和を求めてこない場合には、これを相手とする事変解決には期待をかけず、新興支那政権の成立を助長し、これと国交の調整を協定する。この場合、現中央政府は潰滅を図り、あるいは新興中央政府の下に収容する」

ということが加わったものである。

蔣介石はこの日、重慶で、

「日本はようやく、中国との戦争には長期化が避けられないことを知ったのだろうか。われわれがあくまで抗戦すれば、国際情勢はかならず変化し、倭寇《わこう》（日本）はかならず失敗する」

と語った。

前月末にトラウトマンから蔣介石につたえられた日本側の和平交渉の申し入れに対し、中国側から、一月十三日に回答があった。

「あまり抽象的でわからない。もうすこし具体的に言ってもらいたい」

居丈高な日本側に対して、肩すかしを食わせるような返事であった。

一月十五日、首相官邸で大本営・政府連絡会議がひらかれた。

大本営は参謀本部と軍令部が中核となり、天皇を輔翼《ほよく》して陸海軍の共同作戦を指導する機関で、前年十一月二十日に、宮城（皇居）内に設置されたものである。

この会議には、政府側からは近衛首相、広田外相、杉山陸相、米内海相、末次内相が出席し、大本営側からは閑院宮総長代理の参謀次長多田駿中将、伏見宮総長代理の軍令部次長古賀峯一中将が出席した。

外相広田が、

「むこうがトボケて『あれじゃわからない』と言っているようでは、とても望みがない。御前会議で決まったように、第二段の策に出るよりしかたがない。すなわち、長期抗戦にうつして、どこまでも支那に対抗してゆくという決心をかためなければならない」

と発言すると、ほとんど全員が賛成した。

参謀次長多田ひとりが反対した。

「この時機を失したら、いよいよ長期戦になります。多少の不満は忍んでも、和平成立にみちびくべきです」

国民政府を相手とせずの声明直後の会議で訓示する近衛

広田が心外という顔で、

「私は永い間の外交官生活から見て、中国側の態度は和平解決の誠意がないことが明らかかと信じます。参謀次長は外務大臣を信用できませんか」

と反駁《はんばく》すると、陸相杉山も断定した。

「和平の意志はみとめられない。蒋介石を相手にせず、屈服するまで戦うべきである」

さらに海相米内が、クギを刺すように言った。

「参謀本部が支那側に誠意なしと断定しないのは外務大臣の判断と異なるもので、これは政府と反対の意見となる。すなわち参謀本部は、政府不信任ということになる。

そうすると、統帥部と政府との意見がちがうということで、戦争指導を統帥部と手を取ってやっていけない。したがって政府は辞職しなければならない」

多田は涙を浮かべて言いかえした。

「明治天皇は朕に辞職なしと仰せになったと聞いています。この重大時期に政府の辞職辞職とあなたがたがお考えになる気持がわからない」

しかし、杉山、米内をふくめ、政府側の広田案支持はうごかなかった。

けっきょく、「参謀本部が諒承しなければ、内閣は総辞職となり、内外におよぼす影響は重大であり、その責任は参謀本部にかかる」と陸軍省から圧力をかけられた参謀本部は、

「本案件に関する処理を政府に一任する」

と屈服した。

近衛内閣は翌一月十六日、

「帝国政府は爾後《じご》国民政府を相手とせず、帝国と真に提携するに足る新興支那政権の成立発展を期待し、これと両国国交を調整して更生新支那の建設に協力せんとす」

という、中国の主権を無視するおそろしく独善的な声明を発表した。

日本陸海軍は、これによって国民政府軍を追い、無理押しの果てしない泥沼戦争に踏みこむ。

一月十五日の大本営・政府連絡会議での米内発言は、軍部は政府に従うべきだということではまちがいではない。

だが、それによって米内も、戦争終結の道をふさいだひとりになった。

このころの米内は、戦闘が予想以上に進捗《しんちょく》し、中国側の戦意を奪う希望が生まれ、いまひと押しの気持があったのかもしれない。

「国民政府を相手にせず」の日本政府声明に対して、蔣介石は中国国民によびかけた。

「大量の陸海空軍によって中国領土を攻撃し、中国人民を殺戮《さつりく》したのは日本である。中国がやむをえず立ち上がり、侵略と暴力に抵抗したが、数ヵ月来、中国はいまだ一兵も日本の領土に侵入させていない。

中国の和平への願望は、終始一貫して変わりはない。中国政府はどのような状況のもとにおいても、全力をもって領土、主権、行政の完整に努力している。

この原則を基礎にしたものでないかぎり、中国はいかなる和平回復も絶対にうけ入れない。同時に日本軍占領地域内において、仮りに政権を僭称《せんしょう》する非合法組織があろうとも、対内外を問わず、すべて無効である」

第11章　日独伊三国同盟締結をめぐる陸海軍の抗争

希望的空想を当てこみ戦争継続

日本陸軍部隊が、昭和十三年（一九三八）五月二十日、山東省の済南と南京の中間にある要地徐州を占領した。ところが、中国軍のほとんどは無事に撤退し、戦果はすくなく、作戦は失敗におわった。

首相近衛は、支那事変のこれ以上の拡大は無益と感じるようになり、内閣改造にとりかかった。

難問は、戦争継続派の陸相杉山の更迭であった。しかし、天皇の内意をうけた参謀総長閑院宮が何回か杉山と話し合い、ついに杉山は陸相辞任を承諾した。

かわって、近衛がのぞんだとおり、かつて石原莞爾と共謀して柳条湖事件をデッチ上げたが、石原とともに「五族協和」「東亜連盟」の理念で満州経営を実行しようとしていた現第五師団（広島）長の板垣征四郎中将が、六月三日付で、新陸相に就任した。

ところが、この陸相更迭には、狡猾《こうかつ》なウラ取引があった。

杉山は、陸軍次官梅津を通して、関東軍参謀長東條英機《ひでき》の陸軍次官就任をみとめるならば、陸相を辞めてもよいと近衛に申し入れさせたところ、気のよわい近衛がそれを呑んだのである（近衛文麿著『失はれし政治』）。

杉山と東條は、武力・権力・謀略を駆使して、「日本が東亜の盟主になること」を目的とする軍国主義・帝国主義者である。

東條は板垣の陸相就任にさきだって、五月三十日に陸軍次官に任命され、板垣の着任まえに、杉山、梅津らと、今後の陸軍運営についての謀議をおわっていた。

その事前謀議によって、陸軍は、杉山陸相時代にひきつづき、蔣介石政権打倒の戦争をあくまでも続行することを決定したのである。

一方、広田外相は、局面打開にゆきづまり、五月二十六日、宇垣一成陸軍大将に外相のポストをゆずりわたした。

宇垣は就任にさきだち、近衛に、

「陸軍の干渉をしりぞける。蔣政権を相手とする方針をとる。対英関係を調整する」

の条件を承諾させた。

このころ広田は、すでに宇垣とおなじような意見に変わっていて、五月三十一日、元老西園寺の秘書原田に語った。

「新大臣としては、対支問題についても何につけても、やはり英米の信用を得ておくことが第一で、どんなことでもいいから、ひとつそうしてもらいたいものだ。支那とのことも、これらの諸国といっしょになってやるよりしかたあるまい」

宇垣外相と同時に、池田成彬《しげあき》が蔵相兼商工相、文相兼厚相の木戸幸一が厚相専任、予備役陸軍大将荒木貞夫が文相になった。

統一が乱れた新内閣をつくった近衛は、蔣政権との和平をすすめるのか否かの意志を表明しなかった。表明する勇気がなかったのである。

六月八日、天皇は内大臣湯浅に、疑問をぶつけた。

「先日近衛が来て言っていた。

『なるべくすみやかに戦争を終結にみちびきたい、なんとかしたい』

今日は参謀総長（閑院宮）が来て、

『漢口はどこまでもこれを攻撃する』

と言っている。二人のあいだに何の連絡もないのは遺憾だ」

湯浅が近衛につたえると、近衛は、「五相会議をひらいて、なんとかだんだん事柄をかたづけていきたい」

と、あいまいなままであった。

五相会議は、近衛首相、宇垣外相、板垣陸相、米内海相、池田蔵相によるもので、六月十日の発足であった。しかしその日には、近衛の意思が不明確なために、これという結論が出なかった。

それにムチを打つように、六月十六日の五相会議で、陸相板垣が「支那事変指導」について、陸軍のきわめて強硬な意見を提示した。

一　一月決定の『支那事変処理根本方針』を再確認する

二　日本が東亜の盟主となる

三　（省略）

四　積極作戦をもって支那抗日勢力の自壊作用と継戦意思の放棄にみちびく

五　右目的達成のために謀略を強化する

六　蔣政権が和を求めるなら一地方政権とし、新中央政権（親日政権）の傘下に統合させる

七　本事変をもって事実上、在支欧米勢力打倒の端緒とする

八、九　（省略）

十　ソ英に対抗して防共協定の強化と対米善処を策する

十一　外交は米英との強調よりは、むしろ日独伊の防共枢軸の強化に重点をおく

というようなもので、ひと言で言えば、英米と敵対する独伊と組み、武力・謀略によって、日本が中国を独占的に支配すべしというものであった。

七月四日、天皇は板垣陸相と閑院宮参謀総長をよんで質問した。

「この戦争は一時も早くやめなくてはならんと思うがどうか」

両人は口を合わせたように答えた。

「蔣介石が倒れるまでやります」

じつは両人とも、この戦争には成算が立たないので、内心では、恰好《かっこう》がつけば早くやめたいと考えていた。それを言えないのは、東條を中心とする陸軍の多数意見が、「蔣介石の壊滅、防共枢軸の強化、在中国英米仏ソの駆逐」という勇ましく、魅力がある説であり、外務省の強硬派、民間の右翼、多くのマスコミなども、正体は現実性のない希望的空想でしかないこの説を、憑《つ》かれたように主張しているからであった。

張鼓峰事件で日本軍はソ連軍に惨敗

その月末の昭和十三年七月三十一日、国境線が明確ではない張鼓峰《ちょうこほう》をめぐって、日ソ両軍が衝突した。張鼓峰は満州の南東端にちかい標高百四十九メートルの山で、すぐ西に豆満江《とまん》が北から南に流れ、日本海に注いでいる。

この事件は、参謀本部作戦課長稲田正純大佐が、ひらたく言えば、

「ソ連は内外の情勢上、ぜったいに本格的対日戦に出ることはないと思うが、その確証を得るために、一撃を加えてみる」

という考えからはじめられたもので、いわば欲に駆られての火遊びであった。

日本軍の小手調べ的攻撃に対して、圧倒的に強力な大砲、飛行機、戦車をくり出してのソ

連軍の反撃はすさまじく、日本軍は甚大な死傷者を出して、たちまち敗色濃厚となった。

八月二日の閣議では、

「日ソ開戦を避けるため、事件は不拡大方針をとる。外交交渉にうつし、その進行次第では、張鼓峰より撤退してもよい」

日独伊防共協定の調印式——中央ムッソリーニの左にリッベントロップ、右へ一人おいて堀田大使、チアノ外相

ことが決定された。

八月三日夜九時ごろ、宇垣一成外相は、重光葵《しげみつまもる》駐ソ大使に対して、ソ連との外交交渉を開始するよう訓電を発した。

大損害を出しつづけた日本軍は、八月九日ごろには、全滅か総撤退かのせとぎわに立たされていた。

運よく、翌八月十日、モスクワで停戦協定が成立した。

「日本軍は八月十日夜十時（沿海州時間）、現在の線から一キロ後退する」という条件で、十一日正午に、日ソ両軍が停戦することになったのである。

ソ連軍と戦い、惨敗を喫した第十九師団（北朝鮮北東部の羅南が駐屯地）長尾高《すえたか》亀蔵中将は、宇垣外相に対して、

「おかげさまをもって兵団は壊滅をまぬがれた」

と、心底から謝意を表した。

張鼓峰事件解決後まもない昭和十三年八月二十六日、五相会議は、参謀本部付笠原幸雄陸軍少将がベルリンからもちかえった日独伊防共協定強化に関するドイツ案に対して、条件つきで同意することを決定した。イタリアが日独防共協定に参加したのは、昭和十二年十一月六日であった。

ドイツ案のうち、とくに第三条の、

「締約国の一国が、締約国以外の第三国より攻撃をうけた場合は、他の締約国はこれに対し武力援助をおこなう義務あるものとす」

に対して、目的のためには手段をえらばない謀略的性格のドイツ、イタリアを信用しない米内、山本、井上ら海軍首脳はつよく反対し、

「締約国の一国が、締約国以外の第三国より挑発によらざる攻撃をうけた場合は、他の締約国はこれに対し、武力援助につきただちに協議に入る義務あるものとす」

と修正させたのである。

しかし、ドイツと日本陸軍は、それで断念せず、ソ連ばかりか英仏をも対象とする日独伊三国同盟条約の締結を、執拗に画策しつづけてゆく。

「八月二十一日、陸軍大臣（板垣）の希望により、星ヶ岡茶寮に会合、日独伊防共協定の強

化問題につき意見を交換する。同日午後六時より十一時半まで会談をつづけたが、ついに意見が一致しなかった」

という米内の手記がある。星ヶ岡茶寮は、当時料理研究家の北大路魯山人《きたおおじろさんじん》が経営する、東京赤坂の高級料理店であった。

「八月二十一日」は、米内の手記には、「昭和十四年」と明記されている。しかし、昭和十三年十月から昭和十四年八月まで外相であった有田八郎は、あれは米内さんが年次を思いちがいしたのだ、内容から見て、昭和十三年のことだ、と言っている。昭和十三年八月のほうが前後のできごとにしっくり合うので、ここでとりあげる。

日独伊防共協定強化に対する米内つまり海軍と、板垣つまり陸軍の考えが、この会談で明確になっている。ちなみに板垣は、岩手県盛岡尋常中学校（現岩手県立盛岡第一高等学校）で、米内が五年生のときの一年生であった。

米内の質問に板垣は答えた。

「ソ連に対してはドイツ、英国に対してはイタリア、だいたい右のような希望をもって協定を強化したい。今日、中国問題について期待している目的が達成できないのは、北にソ連、南に英国の策動があるためである。すなわち、英国とソ連を目的とする」

「陸軍は、日独伊防共協定を攻守同盟にまで進展させようとしているようだが、果たしてそうか」

「だいたいそうした希望を持っている」

「ソ連と英国をいっしょにし、これを相手とする日独伊の攻守同盟のようなものは絶対に不可である。英国は現在、日本と衝突するようなことはない。日本が中国に対して望むのは『和平』で、排他独善の意思は持っていない。英国がわが真意を諒解すれば、両国の関係は徐々に好転するであろう。

中国に権益を持っていない他国と結び、最大の権益を持っている英国を中国から駆逐しようとするようなことは、ひとつの観念論にほかならない。また日本の現状から見ても、できることでもなければ、なすべきことでもない。

独伊と結んだからといって、中国問題の解決になんの貢献することがあろうか。よろしく英国を利用して、中国問題の解決をはかるべきである。

米国が、現在のところ中国問題に介入しない態度をとっているのは、中国における列国の機会均等・門戸開放を前提としてのことである。もし某々国がこの原則を破るようなことをあえてしたならば、米国は黙視しないであろう。この場合、米国は英国と結ぶ公算が大きい。

中国問題について、英米を束にして向こうにまわすことになり（日独伊の攻守同盟を結んだ場合）、なんら成功の算を見出しえないだけでなく、この上もなく危険である。仮りに英米は武力をもってわれに臨まないとしても、その経済圧迫を考えるとき、まことに憂慮に堪えない。

……つぎに独伊はどうした理由によって、日本に好意をよせようとしているのか。好意というよりは、むしろ日本を乗じやすい国として自分の味方にひき入れようとするのか、もっと冷静に考察しなければならない。

ドイツはハンガリー、チェコを合併して大戦（第一次世界大戦）前における独墺（オーストリア）合併の大国になろうとし、あわよくばポーランドをも併合し、さらに進んでウクライナをその植民地とし、こうして、いわゆる欧州における新秩序を建設する（ドイツが欧州大半の支配者となる）ための前提となし、また、中国においては相当な割前《わりまえ》を得ようとするだろう。

イタリアは将来スペインに幅をきかし、これを本国と連結させるため（リビア〈北アフリカ〉のことも考えられ、またマルタ島〈イタリア南方〉の攻略も夢見るであろう）地中海において優位を獲得し、中国においては、これまた相当の割前を得ようとするだろう。

わが国としては、すでに事実上満州を領有した。満州の基礎を強化して、その発展を達成させることは、日本としてさしあたりの急務であり、そのために必要とする経費は日中貿易に求めるべきである。

日本の対中国政策は、このアイデアを急務として考えるべきであり、ただ朧《ろう》を得て蜀《しょく》を望む（貪《むさぼ》って満足することを知らない）ような野心を捨てるならば、対中国政策は平和裡《り》にすすめられるだろう。このためには、列国との協調こそが必要で、このさい特殊国と特殊の協約を締結する必要があろうか。

日独伊の協定を強化し、これと攻守同盟を締結しようとするようなことは、それぞれの国がその野心をたくましくしようとする（他国を侵略する）ことにほかならない。独伊と結んで、どれほどの利益があろうか。結んだばあいの利害を比較すれば、馬鹿を見るのは日本ばかりという結果になるだろう。

自分は現在以上に協定を強化することには不賛成だが、陸軍が播《ま》いた種をなんとかして処理しなければならないという経緯があるなら、これまでどおり、ソ連を相手にすることにとどめるべきである。もし英国までも相手にする考えであるならば、自分は職を賭してもこれを阻止するであろう。

陸軍大臣は、独伊について、どのような特殊性をみとめ、これをどのようにわが国に利用しようというのか。それをうかがいたい」

板垣は、中国問題について期待している目的が達成できないのは、ソ連と英国が策動しているからで、日独伊の攻守同盟が締結されれば、ソ連、英国とも策動ができなくなり、目的が達成されるようになる、とくりかえした。

陸軍の目的は、六月十六日の五相会議において板垣が主張したとおり、

「日本が東亜の盟主になる。

蔣政権が和を求めるなら一地方政権とし、新中央政権（親日政権）の傘下に統合させる。

本事変をもって事実上、在支欧米勢力打倒の端緒とする」

ということで、目的というより、米内が言う「朧を得て蜀を望む」欲に駆られた妄想で、またドイツ、イタリアの侵略主義に同調するものであった。

こうして、五時間余にわたる会議も、根本的な食いちがいから、押問答におわった。

八月二十六日の五相会議の決議は、この会議を参考にして、焦点をぼかしてまとめられたと見ると、ツジツマが合う。

およそ一ヵ月後の九月二十八日、宇垣一成外相が近衛首相に辞表を提出した。蔣政権との和平工作をすすめたところ、近衛は知らぬ顔をして協力せず、孤立してゆきづまったのである。

右翼の一部がその工作に反対し、それを取り締まるべき内相末次信正が、「国策に反する和平工作などをおこなう者は、閣僚といえどもその生命の保証をすることはできない」と脅《おど》かしたために、わが身安全第一の近衛が責任を回避したのであった。

宇垣辞任後、外相を兼任した近衛は、まもなく陸軍の要求に屈し、駐独大使東郷茂徳《しげのり》を駐ソ大使に転じることにして、ナチス・ドイツにべったりの駐独陸軍武官大島浩《ひろし》中将を、十月八日、駐独大使に任命した。

ここから陸軍は、太平洋戦争開戦の最大原因の一つになる日独伊三国同盟締結に拍車をかけはじめる。

日本陸軍部隊は、十月二十一日、中国南部の要地広東《かんとん》を攻略し、五日後の二十六日には中国中部の要地漢口も攻略した。

ところが、重慶の蔣介石は戦意を失わず、十月二十五日、ラジオを通じて中国民衆によびかけた。

「敵は武漢《ぶかん》（武昌、漢口、漢陽の三市地域）でわが主力を撃滅して短期決戦に勝つ、という重要目的に失敗した（中国軍は損害軽少で後退した）。

今後われわれは全面的抵抗を展開するであろう。わが軍の移動は、退却であろうと前進であろうと、制限されない自由なものとなるであろう。主導権はわれわれとともにあるだろう。

これに反し、敵は何一つ得るところがない、敵は泥沼深く沈んで、ますます増大する困難に遭遇し、ついには破滅するであろう」

漢口、広東を占領すれば、蔣介石も音をあげるだろうという日本陸海軍の期待ははずれ、武力による戦争終結のみこみはほとんどなくなった。

首相平沼の陸軍と争わない保身術

米国では、一九三八年（昭和十三年）五月、四年計画で海軍軍備を増強する第二次ヴィンソン案を成立させた。

戦艦二十四、空母八、潜水艦百十六をふくむ四百七十七隻、約百九十万トンに達するもので、これが完成すれば、日本海軍の艦艇兵力は米国の六割四分に低下する。

そこで日本海軍は、新たに「大和」型戦艦二、空母一、潜水艦二十五をふくむ計八十隻と、米海軍の航空兵力とほぼおなじになる航空隊七十五隊を増強する「〇四《まるよん》計画」を、昭和十四年度から開始する準備をすすめた。

昭和二十年に完成すると、一九四二年（昭和十七年）に完成する第二次ヴィンソン案の米艦艇兵力に対して、約八割になるものである。

昭和十三年十二月開会の帝国会議は、この計画の経費として十五億七百八十二万円を承認した。

ところが米国は、一九四〇年に第三次ヴィンソン案とスターク案を採用する。完成すると、「〇四計画」までの日本海軍の艦艇兵力は、米海軍の四割三分にがた落ちすることになる。

昭和十三年ごろには、海軍航空本部教育部長大西瀧治郎大佐をはじめとする「航空主兵・戦艦無用」論の飛行将校らから、「第一号艦」（「大和」）、第二号艦（「武蔵」）の建造を中止し、南洋諸島を不沈空母とする基地航空兵力を拡充すべきであるという主張が高まった。

しかし、南洋諸島（マリアナ、カロリン諸島など）のなかで、飛行場建設に適する島はたがいにはなれすぎ、基地間の飛行機の移動・集中や相互の支援がほとんどのぞめず、空母部隊をふくむ米艦隊に個々に撃破される脆弱性があった（太平洋戦争中での、昭和十九年六月からおこなわれたマリアナ諸島をめぐる攻防戦の経過が好実例）。

これらの島々は、空母部隊そのほか各種艦艇の協力態勢があってはじめて対抗性が生ずるので、均衡のとれた総合的増強計画が必要なのであった（『戦史叢書・大本営海軍部大東亜戦争開戦経緯1』参照）。

日独伊三国同盟問題で陸軍をおさえられずに気を腐らせていたうえに、支那事変解決に自信をなくした近衛は、昭和十四年（一九三九）一月四日、内閣総辞職をした。

新首相には、七十一歳の国家主義者で枢密院議長の平沼騏一郎が指名された。このころの平沼は、数年まえの反元老、重臣の立場から、元老・重臣と軍部の間を調整する立場に変わっていた。

天皇に平沼を奏請した西園寺は、

「平沼はエラスティックですから」

と説明した。順応性があるということである。

平沼がこのように変わったのは、保身のためと、軍部がゆき過ぎるようになったことに恐れを感じたかららしい。

大命をうけた平沼は、あれほど利用した加藤寛治には、ひと言も声をかけなかった。

内相であった末次も新閣僚からはずし、内閣参議に格下げした。

首相を降りた近衛は、平沼にかわって枢密院議長となり、無任所大臣も兼務した。

前年十月から外相になっていた有田《ありた》八郎は、平沼に、

「英仏を相手にしてまで日独伊防共協定を強化することには反対する。万一そういうことを陸軍に強いられたら、いっしょに辞める……」

と確約させてから、外相に留任した。

平沼騏一郎(中央)内閣の就任式——前列右二人目に近衛

陸相には板垣征四郎中将、海相には米内光政大将が留任し、末次のあとの内相には前厚相の木戸幸一、蔵相には石渡荘太郎が就任した。

海軍次官は中将山本五十六、軍務局長は少将井上成美のままである。

つけ加えると、内相の侯爵木戸幸一は、長州藩の勤王の志士、明治維新の元勲のひとり木戸孝允《たかよし》の孫で、この当時は、おなじ京都大学卒の公爵近衛文麿より二歳上の五十歳であった。

平沼内閣成立の翌一月六日、ドイツが日本とイタリアに、日独伊三国同盟条約案を正式に提示してきた。

英仏ソを対象として、

「三国同盟という武器を持てば、戦争をせずに、何でも欲しいものを手に入れることができるであろう」

という野望に満ちた誘惑であった。

陸軍は、支那事変完遂と対ソ国防の充実がそれによって達成されると思いこみ、全面的に賛成した。第一に、独伊が英仏ソに勝つと予想したのである。

米内と有田、石渡は、ドイツ案の日独伊三国同盟を締結すれば、必然的に対英米戦になるおそれがあると言い、絶対反対を表明した。

一月十九日の五相会議で、つぎのような妥協案が決定された。

「日独伊三国協定方針

一、ソ連を主の対象にするが、状況により、英仏を対象にすることもある。

二、武力援助は、ソ連を対象にするばあいは、もちろんおこなう。英仏を対象とするばあいには、これをおこなうか否か、またそのていどは、一にそのときの状況による。

三、外部に対しては、防共協定の延長なりと説明する。

（ただし、二、三は秘密諒解事項）」

独伊は対英仏ソ戦のために、日本をソ連と米国の牽制《けんせい》に利用しようとして、三国同盟案を提示してきた。

日本陸軍は、イタリアに英国を牽制させ、ドイツと策応して東アジアにおける英ソの勢力を駆逐し、米国の東アジア介入を抑止しようとした。目的は、東アジアからの利益を日本が独占することである。

米内、有田、石渡らの反対にかかわらず、ここから数十回にわたり、陸軍は手を変え、品を変えて、日独伊三国同盟条約締結を主張しつづける。

かつての艦隊派の領袖、後備役海軍大将加藤寛治が、昭和十四年（一九三九）二月三日朝、熱海の朝夷別荘で、脳溢血のために倒れた。

駆けつけた予備役海軍大将、内閣参議の末次信正はつききりになった。

危篤の報をうけた軍令部総長伏見宮は、水菓子一籠と寿司五十人前をとどけた。

加藤は二月九日午前二時三十分に死去した。六十九歳であった。

伏見宮は通夜にさいして、料理五十人前と、香奠《こうでん》一封を贈った。

平沼内閣成立直後の一月五日夜、加藤を東京四谷《よつや》三光町の自宅に訪ねた郷土福井市の後輩坂井景南に対して、加藤は深刻な表情で、

「平沼は、わたしを理解していたと思ったが、平沼がこのようではわたしは自分で書き残さねばならん……」

と言い、二、三日後に熱海の朝夷別荘にゆき、『倫敦《ロンドン》海軍条約遺稿』の執筆にかかったという。


軍令部主導の海南島攻略と関東軍主導のノモンハン事件

日本陸海軍は、昭和十四年二月十日から十四日にかけて、南シナ海の海南島に上陸し、これを攻略占領した。この作戦は海軍の軍令部が陸軍をさそい、主導したものである。

軍令部首脳は総長伏見宮元帥、次長古賀《こが》峯一《みねいち》中将（三十四期）、第一部長宇垣纒《まとめ》少将（四十期）だが、同部第一（作戦）課長草鹿龍之介《くさかりゅうのすけ》大佐（四十一期）だが、

「海南島は、将来日本が南方に伸びる足元として、飛行場獲得の上からも、広東攻略にひきつづき、返す刀で一気にこれを攻略すべきだ」

という判断から、中心になって進めたものであった（『海軍中将草鹿龍之介談話収録其ノ一』）。

草鹿の提案に対して、海相米内、次官山本らは、海南島攻略作戦をやれば、英米仏蘭（オランダ）などから、日本は仏印《ふついん》（現ベトナム）、蘭印（現インドネシア）、マレー、シンガポールなどに野心を持つと見られ、対英米開戦につながるおそれがあると反対した。

しかし、伏見宮が賛成したために、制止しきれなかった。

作戦は二月十日から予定どおり進められ、海南島を攻略したのち、海軍航空部隊は、北岸の海口を基地として、援蔣（蔣介石政権支援）物資の搬入ルートである雲南鉄道を爆撃しはじめた。

しかし、軍令部の真の目的は、草鹿が、

「海南島は、将来日本が南方に伸びる足元で、そのために海軍は同島南岸の三亜《さんあ》に一大根拠地をつくりたい」

というとおりのものであった。

昭和十五年九月に強行される陸軍の北部仏印進駐、十六年七月におこなわれる陸海軍共同の南部仏印進駐、さらに十六年十二月におこなわれる陸海軍協同のマレー半島北東岸上陸作戦は、この海南島を発進基地とすることになる。

太平洋戦争の誘い水になった海南島攻撃作戦は、やるべきではなかった。

五月五日と七日の五相会議は、「締約国の一が、本条約に参加していない一国あるいは数国により、挑発されない攻撃の対象となったばあいには、他の締約国は援助および助力をあたえることを約す」というドイツ側の「ガウス案」を討議し、板垣は承認すべきだと言い、有田と米内は反対して、結論は出なかった。

五月十六日、米内は平沼に会い、ガウス案の修正と、有田外相の訓令に従わない大島浩駐独大使と白鳥敏夫駐伊大使の召還をつよく要求した。しかし、内相木戸幸一から、三国協定が不成立になったばあいについて、

「……往年のロンドン条約以上の禍根を残し、……重臣層は徹底的に排除せらるるの余儀なきに至るべく（浜口雄幸狙撃、五・一五事件、二・二六事件のようなことが起こり）、もしかくのごとき事情となりたるばあい、陛下の側近は如何なるべきか、想像するだに恐懼《きょうく》に堪えず……」（『木戸幸一日記』）

というようなことを聞かされていた平沼は、そのような結果を恐れて、米内の要求を二つともしりぞけた。

昭和十四年（一九三九）五月十三日、張鼓峰事件とおなじように、国境線の不明確な満州北西部のノモンハンふきんで、日本・満州軍とソ連・外蒙古軍が衝突したことから、大がかりなノモンハン事件が発生した。

国境線が不明確ならば、まず外交交渉をおこなうべきだが、関東軍は武力によって目的を遂げようと攻撃をはじめた。

関東軍作戦参謀辻政信《まさのぶ》少佐らは、張鼓峰で負けたソ連軍を破り、ソ連軍より強い日本軍という実績をあげようと意気ごみ、武力行使を強行したようである。

戦闘は次第に拡大し、しかも予想とは反対に日満軍は戦うたびに敗れ、四ヵ月後の九月十五日、ようやく日ソ間に停戦協定が成立した。

しかし、日満側の戦死傷病者数が、日本軍発表で一万九千七百六十八人（うち戦死は七千七百二十人）という惨憺たる結果になってしまった。

ソ蒙軍の兵力は日満軍の三倍以上で、砲火器、戦車、弾薬も、縦深陣地、総合戦術も、すべて段ちがいに上まわっていた。

ところが日満軍は、それに対して精神主義と白兵主義で戦い、完膚《かんぷ》なきまでに惨敗したのである。

「兵は国の大事なり、死生の地、存亡の道、察せざるべからず」

というが、関東軍作戦班長服部卓四郎中佐や辻政信少佐にとっての「兵」（戦い）は、彼らの功名心による賭勝負だったようである。

「一個師団ぐらい、そういちいちやかましく言わないで、現地にまかせたらいいではないか」

と、陸相板垣は関東軍の武力行使を承認したが、この無残きわまる結果では、将器といえるものではない。

山本五十六の初「遺書」

ノモンハンで軍事衝突——配備についた日本軍戦車部隊

ドイツは、日本の態度がいつまでもあいまいなことから、五月二十二日、イタリアと二国軍事同盟を結び、日本には無通告で独ソ不可侵条約締結の工作をすすめた。近隣諸国を侵略し、英仏との戦いに勝つためである。

日本陸軍は三国同盟締結にあたり、右翼関係は外務省と海軍省への示威運動をいよいよ激化した。

海軍次官山本五十六は恐れを知らない男といわれていたが、このころ暗殺を感じて、「述志」と題する遺書を書いた。

「一死君恩に報ずるは素《もと》より武人の本懐のみ、豈《あに》戦場と銃後とを問はむや。

勇戦奮闘戦場の華と散らんは易《やす》し、誰か至誠一貫、俗論を排して斃れて已《や》むの難きを知らむ。

(中略)

此身《このみ》滅すべし、此志奪ふべからず

於海軍次官官舎
山本五十六」

昭和十四年五月三十一日

「金魚大臣」「ヨーナイグズマサ」「昼行灯《ひるあんどん》」となどと言われている米内のほうは、遺書を書くようなこともなく、誰もいないところで口笛を吹いて歩いたりしていた。

昭和十四年六月十六日、大島駐独大使から、

「ドイツは六月五日に決定された日本案を承諾せず、ドイツ側の『ガウス案』を全面的に容《い》れるか、交渉を打ち切るか、いずれのほかない」

という報告が、有田外相にとどいた。

六月五日に決定された日本案の核心は、

「ソ連をふくまない第三国と独伊との戦争の場合、行為としては日本は現在および近い将来、有効な武力援助はできない。しかし、武力以外の援助はあたえる」

というところである。

米内は、これ以上は職を賭してもゆずれないと肚をきめた。

陸軍に追従する内相木戸幸一

七月六日、陸軍の要求をうけいれた内相木戸が指揮する内務省は、各新聞社の担当者をあつめて、反英記事を掲載するよう要求した（『岡敬純《たかずみ》中将〈三十九期〉覚』）。この当時岡は海軍

大佐の海軍省軍務局第一課長)。

天津に駐屯する日本軍が、天津英国租界の蔣介石政権援助を阻止するために、同租界を封鎖したのは、前月の六月十四日であった。

それをきっかけに日本国内での反英運動が高まったのだが、前宣伝が効いて、七月十四日には、十五日から東京で開始される日英東京会議に圧力をかける反英市民大会がひらかれ、六万五千人のデモ行進も実行された。講師らは、「日本の敵は支那にあらず、英国である。老獪《ろうかい》大英国に乗ぜられぬよう、われわれは当局を激励するとともに、日英会談も見まもらねばならぬ」などと講演し、煽動した。

各新聞も陸軍と内務省の路線に乗って、センセーショナルに反英市民大会の情況を報じた。

明くる七月十五日、要人暗殺計画が発覚して、本間憲一郎らが逮捕された。ねらわれたのは、海軍次官山本五十六、内大臣湯浅倉平、宮内大臣松平恒雄、元蔵相結城豊太郎、元蔵相池田成彬らである。

山本五十六は、七月十七日、海軍省上層部に対して、「反英世論は陸軍と内務省が合議のうえ、指揮命令系統によって指導されていることは確実だ」と語った(『岡敬純中将覚』)。

米内は七月二十二日、首相官邸での閣議で、「さいきん世間では……海軍が弱いとか、けしからんというようなことを言い、私と次官に辞職を強要する書類までつきつける者がいる。これは陰でこうしたことをさせている者がいるので、その事実を自分らは知っている。どうかここに列席される各位においても、十分ご反省を願いたい」

と、ある者にクギを刺すように言明した。

日英会談の結果、七月二十四日、英国政府は、中国における日本軍を害し、またその敵を利する一切の行為と原因を排除する必要があることをみとめると、声明した。英国が日本に屈したわけだが、欧州で独伊の侵略がいよいよ迫ってきたので、中国での争いを避けたのである。

ところが米国は、日本の強硬政策に制裁を加えるように、七月二十六日、「日米通商航海条約」の破棄を日本政府に通告してきた。

国務次官ハルはこう手記している。

「……日本の外務省は条約の期限が切れたとき（六ヵ月後の昭和十五年一月二十六日）、米国がどうするつもりかを知るためにやっきの努力をした。余はそれを明らかにしないように注意した。われわれの最善策は、中国におけるわが権益に対する彼らの目にあまる無視が、彼らの立場にどうひびくか気づくよう、あまりはっきりしたことを知らせないでおこうと思っていたのである。

……米国の権益は、主要な、永久的な、第一の問題であった」

石渡蔵相は八月五日に参内し、天皇につぎのような報告をした。

「全面禁輸となったばあい、とくに鉄屑、石油の輸入に大打撃をうけ、六ヵ月以内に買い入れるにしても、その後はただちに困難に遭遇し、陸海軍の兵力を三分の一ぐらいに減じなければ、立ちゆかなくなります」

海軍省軍務局長井上成美は、陸軍が日独伊三国同盟を結び、中国を独占的に支配しようとしていることに対して、

「日本経済はそのほとんどすべてを米英圏に依存して成り立っている。とくに海軍にとってもっとも重要な鉄と油はアメリカから輸入している。

ドイツと手を結ぶことは、イギリスを敵にまわすことになり、ひいては同根の国アメリカも敵側にしてしまう。これは鉄と石油を断たれることを意味する。とすれば、戦《いくさ》などできるわけがない。

では、ドイツ、イタリアが米英圏にかわって日本経済を支えることができるかといえば、これはまったく期待できない。

……劣弱な独伊の海軍は、英海軍にとうてい勝てず、英国を屈服させられるわけがなく、日本の役に立つはずがない。

支那事変は、日英支間の平和的交渉によらなければ解決できるものではない」

と強硬に反対していた。

「日本海軍は対米英戦に勝てるみこみはない」

八月八日の五相会議は、いつものとおり首相官邸の奥の部屋でひらかれた。八月三日の陸軍三長官（陸相、参謀総長、教育総監）会議の決議に従った陸相板垣は、ドイツ案どおりに日独伊三国同盟も締結するよう主張した。六月三日の五相会議で花押《かおう》まで押した政府方針（六月五日の閣議で決定されるものとおなじ）をガラッとひっくりかえし、

「ただいま申し上げた線での日独伊三国軍事同盟締結が〝軍の総意〟である」

と主張するのであった。従来板垣の肩を持っていた平沼も、さすがに陸軍の横車が腹に据えかねたか、めずらしく反撃した。

「政府方針は種々の経緯の結果定まったものである。今日、政府方針の趣旨を変更することは不同意である」

「もしこれが実行できなければ、内外におよぼす影響はまことに甚大であろう」

「三長官会議の決議は無条件参戦か」

「そうである」

米内が板垣にただした。

「板垣君はこのあいだ、こういう案に花押を押していながら、きょうはぜんぜんちがったことを言っているが、どうしたわけだ。五相会議のメンバーとして、君はいったいどっちだ」

「陸軍大臣としてはあちら（六月三日に花押を押したほう）に賛成、軍の総意としてはこちら（今日言っているほう）に賛成」

板垣はヌケヌケと答えた。

「いや、君自身の意見はどっちだ」

「両方だ」（高宮太平著『米内光政』）

あまりの無責任ぶりに一同は唖然としたが、板垣は「軍の総意」というバケモノの傀儡《かいらい》になり果てていたのである。

蔵相石渡荘太郎が米内に質問した。

「同盟をむすぶ以上、日独伊三国が英仏米ソ四国を相手に戦争するばあいのあることを考えねばならぬが、そのさい戦争は八割まで海軍によって戦われると思う。ついてはわれわれは肚《はら》を決めるうえに海軍大臣の意見を聞きたいのだが、日独伊の海軍と英仏米ソの海軍と戦って、われわれに勝算があるか、どうか」

米内は即座に、ズバッと答えた。

「勝てるみこみはありません。だいたい日本の海軍は、米英を向こうにまわして戦争するように建造されておりません。独伊の海軍に至っては問題になりません」

一同は強い衝撃をうけたが、それが真実だろうとなっとくした。

五相会議は、三国同盟の条件を後日に再検討することにして、散会した。

ところが、思いもよらないことに、八月二十二日、大島駐独大使から、独ソ不可侵条約決定の電報がとどき、翌二十三日には、同条約がモスクワにおいて調印された。

ドイツはこれを、日独伊防共協定締結国の日本政府に無通告で強行したのである。

八月二十五日、有田外相は、

「独ソ不可侵条約の締結により、日独伊三国協定に関する交渉は自然打ち切りとなったものと了解する」

と、ドイツに申し入れするよう、大島大使に訓電した。

だが大島は、これほどのことがあっても、なおあつかましく反対してきた。

「本件はあまり他人行儀の抗議で、ドイツの死活にかかわる重大危機にあって、日独関係に悪い影響をあたえるであろう」

平沼内閣は、この期におよんでの大島の下剋上《げこくじょう》的態度は許せないと断定し、

「明白な協定違反に対して言うべきことも言わず、放置することは好ましからず、正式抗議と将来の日独関係は別問題なり。訓令を執行すべし」

と再訓電した。

それでも大島は、ドイツに訓電をつたえず、ドイツ、ポーランド戦が一段落後の九月十八日、ようやくリッベントロップ外相に伝達したのである。

昭和十四年八月二十八日、平沼内閣は総辞職した。平沼の声明のなかに、つぎのようなことばがあった。

「……独ソ不可侵条約により、欧州の天地は複雑怪奇なる新情勢を生じたので、わが方はこれに鑑《かんが》み、従来準備しきたった政策はこれを打ち切り、さらに別途の政策樹立を必要とするに至りました」

米内の手記には、こういうことが書かれている。

「……数十日に及ぶ五相会議は、首相の不徹底なる態度と陸相の暴論とにより、何ら得るところなく、ただ複雑怪奇なる言葉によりて、平沼内閣の退陣を見るに至りしは、遺憾至極という外なし。もし平沼首相にして、今少しく毅然たる態度を以《もっ》て五相会議を主宰しいたらんには、将来に累を及ぼすことなくして済みたるべきを。

平沼首相はその挂冠《けいかん》に当り、時の内大臣に対し、海軍の主張は終始一貫して時勢を見るに誤りなかりしと告白したるがごときは、要するにただ後の祭りと評すべきのみ」

内大臣は湯浅倉平である。

「海軍のおかげで日本の国は救われた」

八月二十八日夜、昭和天皇は阿部信行《のぶゆき》予備役陸軍大将に組閣の大命を下したとき、かつてない異例の峻厳な指示を加えた。

「陸軍大臣は畑（俊六）武官長または梅津（美治郎）中将よりえらぶべし、それ以外の者は三長官の議決によるも許す意思なし。

外交の方針は英米と協調するの方針を執《と》ること。外務大臣は憲法の条章に明らかなる者にすべし。

大蔵大臣は戦時財政を処理し得る者、また治安の保持はもっとも重要なれば、内務大臣、司法大臣の人選は慎重にすべし」

阿部は冷汗三斗の思いで、

「聖旨に副《そ》うよう努めます」

と答えた。

三国同盟問題に対する目にあまる陸軍の横車に、立憲君主制の原則を厳に守っていた天皇も、黙視していられなくなったようである。

八月三十日、阿部内閣が成立し、天皇の意に副うために外相は阿部が兼任し（九月二十六日に野村吉三郎予備役海軍大将が就任）、陸相には畑俊六《しゅんろく》大将、海相には昭和十二年十二月から連合艦隊司令長官の吉田善吾中将（山本五十六とおなじく三十二期）、蔵相には青木一男、内相には小原直《なおし》、法相には宮城長五郎が、それぞれ就任した。

米内は同日付で軍事参議官（無任所）、山本五十六は吉田善吾の後任の連合艦隊司令長官となった。井上成美はしばらく軍務局長にとどまり、十月二十三日、支那方面艦隊参謀長になる。

山本を連合艦隊司令長官に推薦したのは米内で、米内は海軍省経理局長武井大助主計中将に、

「海軍大臣がよかったかもしれぬが、そうすると、陸軍のまわし者か右翼に暗殺される恐れがあった。しかし、吉田でもおなじ考えでやるよ」

と、その理由を語った。

米内は、ここで山本を殺したくない。いずれ時機を得て山本が海相に就任し、陸軍をおさ

えて日本の危機を乗りきってもらいたいと考えたようである。

この八月三十日、侍従武官平田昇海軍中将は、天皇から、

「平田、さきほど米内が来たから、よくお礼を言っておいたよ」

と言われて、おどろいた。

米内、山本らが命がけで三国同盟条約締結を阻止したことへの礼ということらしいが、天皇が臣下に礼を言うなどは思いもよらなかった。平田は、

「ありがとう存じます」

と涙を浮かべ、深々と頭を下げた。

天皇は米内に、

「海軍がよくやってくれたおかげで、日本の国は救われた」

ということばをかけたという（『岡田啓介回顧録』）。

第12章　陸海軍と近衛に倒された米内内閣

多難で短命確実と見られた米内内閣

独ソ不可侵条約を利用したドイツが、一九三九年（昭和十四年）九月一日、狙っていたようにポーランドに侵入した。

ドイツをあまく考えていたフランス、英国が、九月三日、立ちおくれを悔やみながらドイツに宣戦布告した。第二次世界大戦のはじまりである。

九月十五日、日本とノモンハン停戦協定を結んだソ連は、二日後の九月十七日、その協定と独ソ不可侵条約（「ポーランド分割協定」をふくむ）を利用して、東からポーランド侵入を開始した。

ポーランドの首都ワルシャワは九月二十七日に陥落し、二十八日、「独ソ、ポーランド分割協定」が発表された。

日本はドイツにもソ連にも手玉にとられたようである。

昭和十四年（一九三九）当時朝日新聞の主筆であった緒方竹虎《おがたたけとら》は、戦後の著書『一軍人の生涯　提督米内光政』のなかで、こうのべている。

「阿部（信行）内閣崩壊前のことであるが、陛下はあるとき湯浅、（内大臣）に対し『次は米内にしてはどうか』といわれた。

陛下は平常立憲的に非常に厳格で、陛下御自身後継内閣の選定についてイニシャチブを取られるということは全くの異例であるが、陛下はいわば御性格から陰謀的な日独伊同盟を御好きにならず、平沼内閣で問題が紛糾した際、不眠症で一時葉山に静養されたこともあった位で自然何とかして、日独伊同盟を未然に防止したい御気持のあったことは蔽《おお》えない。それが米内内閣を考えられた所以《ゆえん》で、従って米内内閣の出現は、陛下と湯浅と、君臣の意思の吻《ふん》合《ごう》ともいえるのである」

阿部内閣は、米不足、物資不足、インフレに対する「無為無策」を議会で追及され、昭和十四年十二月には退陣必至《ひっぱく》の情況になった。

経済不況、国民生活逼迫の根本原因は、支那事変が拡大し長期化したことであった。すでに在中国の日本陸軍兵力は八十五万人にものぼり、しかもいつ終結するのかの目途も立っていない。主として中国を独占的に支配しようという陸軍の野心のためである。

昭和十五年（一九四〇）一月十日、昭和天皇は伏見宮軍令部総長をよび、質問した。

「米内を内閣首班とすると、海軍は困るか」

「他に適任者がなければ、海軍としてはさしつかえありません」

米内を自分の後任の軍令部総長にしたいという考えのない伏見宮は、そう答えた。

内大臣湯浅倉平から米内説得を依頼された元連合艦隊司令長官・海相・首相の岡田啓介退役海軍大将は、一月十二日午後七時、米内を訪ねて単刀直入に勧告した。

「米内君、君は裸一貫となり、天子様にご奉公してくれ。阿部内閣はもはや救いようがない状態で、陛下はことのほかご心配になっておられる。ぜひとも組閣に乗り出すべきだ」

米内は率直に答えた。

「わたしは自分の性格から考え、またこれまでぜんぜん考えたことがありません。せっかくですが、辞退させていただきます」

「お上《かみ》がその思召《おぼしめし》であっても断るつもりか」

「そのような仮定に対して返事するわけにはゆきません。ともかくわたしにはその力もなく意思もありませんから、ぜひご辞退申しあげたい」

岡田から米内との対談のもようを聞かされた内大臣湯浅は、元老西園寺の秘書原田熊雄にありのままをつたえた。

原田は一月十三日、静岡県興津の別荘坐漁荘に西園寺を訪ね、湯浅の米内奏薦の経緯を話し、西園寺の諒承を得た。すこしおくれて内大臣秘書官長の松平康昌が坐漁荘に入り、米内奏薦について湯浅の意見を説明し、これも西園寺の諒解を得た。

その夜湯浅は、海相吉田に電話をかけた。

「米内大将を首班に奏薦しようと思うが、異議はありませんか」

「海軍としてははなはだ困るが、大命とあらばいたしかたない」

　吉田は本音で答えた。

　一月十四日午前、阿部内閣が総辞職すると、湯浅は正午、宮中に岡田啓介、平沼騏一郎、近衛文麿、清浦奎吾《けいご》ら重臣をあつめ、後継首班に対する意見を聞いた。近衛が経済に明るい池田成彬《しげあき》元蔵相を推したが、一同は天皇の内意を察したか、米内奏薦に賛成した。

　午後六時五十分、大命降下をつたえる電話が、渋谷区竹下町の米内私邸にかかってきた。折から米内は、麹町区《こうじまち》（現千代田区）三年町にある女婿（米内の長女ふきの夫）の海軍省人事局員二反田《にたんだ》三郎少佐（五十二期）の家で、夕食をとっていた。

　妻のこまから電話で知らされた米内は、自宅から軍服をとりよせて着替え、午後七時十五分ごろ参内した。天皇の前に進み、頭を上げたとき、

「朕、卿《けい》に組閣を命ず」

と、天皇の力のこもった大きな声がした。電気に打たれたようになった米内は、

「しばらくご猶予を」

と、深くお辞儀をしたまま退出した。

　侍従に案内された部屋には、湯浅内大臣と侍従長百武《ひやくたけ》三郎退役海軍大将（十九期首席）が、ひどく緊張して待っていた。とうてい大命を拝辞できる雰囲気ではなく、ここで米内は首相になる覚悟を決めた。

米内の退出後、天皇は畑陸相をよび、

「米内内閣ができるが、陸軍の新内閣に対する様子はどうか」

と、軽くさりげなく質問したが、それは米内内閣に対する陸軍の支持をうながすものであった。

「陸軍はまとまって新内閣についてまいります」

畑が明確に答えると、

「それはけっこうだ。協力してやれ」

と、安堵したようにうなずいた。

天皇の畑への質問は、原田の進言をうけた湯浅の工作なのだが、天皇自身も米内内閣をすすんで援助しようとしていたのである。

しかし、畑をのぞく陸軍のおおかたは米内首班に大反対で、即座に内閣打倒、親陸軍内閣樹立の決意をかためた。

陸軍ばかりでなく、枢密院議長近衛文麿、元内務大臣木戸幸一、元首相平沼騏一郎らも、米内内閣に賛成していなかった。阿部内閣総辞職後、木戸は平沼と協議して、畑俊六、あるいは荒木貞夫予備役陸軍大将を推薦していた（『木戸幸一日記』）のである。

彼らに共通するものは、陸軍を利用して国益を増大させる政治をおこないたいという意見と、テロ、クーデターに対する恐怖であった。

一月十六日、米内内閣の親任式がおこなわれた。主要な閣僚は、外相有田八郎、陸相畑俊

米内光政（中央）内閣の閣僚たち。首相の左に児玉内相、吉田海相、右隣が桜内蔵相。後列右から３人目に畑陸相

六、海相吉田善吾、蔵相桜内幸雄、内相児玉秀雄（陸軍大将児玉源太郎の長男）などである。

米内内閣の書記官長をひきうける元蔵相の石渡荘太郎から、入閣を請われた木戸幸一は、峻拒していた。

平沼につながる右翼グループは、米内を敵と定めた。

米内内閣の前途は多難で、短命は確実と見られた。組閣と同時に、米内はみずから予備役編入を願い出て、現役を去った。官公庁、あるいは会社の要人が退職するのとおなじで、海軍に対する発言権はなくなり、活動もはなはだ困難になる。

海軍が米内をうしなう損失の大きさに心痛した海相吉田は、あくまで現役にとどまるようひきとめたが、米内は、

「純行政に当たる総理が軍の現役にとどまることは、統帥権を冒瀆《ぼうとく》するものである」

と言い、聞きいれなかった。

親任式につづく初閣議のあと、米内は首相官邸二階広間で記者会見をした。

「国際関係においてはあくまで自主的立場を堅持

し」と発表した声明文については、

「人間にたとえてもおなじで、自分を主として独立独歩でゆくことである。おべっかをつかわず、さりとて喧嘩もしない」

と説明した。日独伊三国軍事同盟には加わらず、独伊とも英米ソとも平和関係を維持するということである。

陸軍や親独伊派が、不満、反感をつよめるものであった。

「米その他の物資不足、インフレなどに対する統制経済の運用」については、

「統制経済はやるべきことはやってゆく。ただ、統制をやった効果よりも、それによって生まれる逆効果のほうが多いとなれば、考えねばならぬ」

と答えた。

これもまた、統制経済を強化しようと図っている陸軍と親陸軍派の不満、反感をつよめる談話であった。

一月二十五日午後十二時（二十六日午前零時）、日米通商航海条約が失効し、日米間は無条約時代に入った。新聞は、

「日米両国の友情がプッツリと切られた」

と、不吉を予感させる報道をした。

一月二十九日、宮中での新年御歌会始で、天皇は、平和の願いをこめて、

「西ひかしむつみかはして栄ゆかむ
　世をこそいのれとしのはしめに」
と詠《よ》んだ。

昭和十三年十二月まで、重慶にある総裁蔣介石の国民党副総裁であった汪兆銘《おうちょうめい》を主席とする新中華民国国民政府が、昭和十五年三月三十日、南京で成立した。

汪は昭和十三年十二月、重慶を脱出し、北部仏印のハノイを経て、日本陸軍の参謀本部付影佐禎昭大佐とともに、昭和十四年五月八日、上海に着き、さらに日本の援助をうけるために、部下数人を連れて、五月三十一日、東京に到着した。

汪を迎えての六月六日の五相会議（首相平沼、外相有田、陸相板垣、海相米内）は、陸軍戦争指導担当者が起案した「新中央政府樹立方針案」を承認、決定した。

ついで、興亜院、外務、大蔵、陸軍、海軍の各担当者らが、新中央政府に対する、「日満支の一般提携、とくに善隣友好、共同防衛、経済提携の原則を定め、それによって三国間の国交を調整する。……」

ほかの要求をまとめた。

これらは、新中央政府は日本に従うこと、端的に言えば、中国は満州国同様、日本の属国になれ、というようなものであった。

蔣介石は、汪政府が成立した日、汪兆銘以下百五人に逮捕令を発し、汪政府を否認した。

米国はただちに蔣介石政府支持を表明し、ハル国務長官は、日本を批判して、つぎのようにのべた。

「汪政権の樹立は、一国（日本）が武力をもってその意志を隣国に押しつけ、広大な地域を、世界各国との正常な政治的、経済的関係から封鎖しようとする計画を、さらに一歩前進させるものである」

ドイツの快進撃に幻惑され、魂を奪われた日本

一九四〇年（昭和十五年）四月九日、ドイツ軍がとつじょノルウェーに侵入し、首都オスロを占領した。この日、ドイツ軍に侵入されたデンマークは、三時間後に降伏した。戦車部隊と落下傘部隊を主力とするドイツ軍は、五月十日、いっせいにオランダ、ベルギー、ルクセンブルグ三国に侵入し、一日で三国の首都を制圧した。

あまりにも平和にこだわり、ドイツの良心に期待したばかりに、ドイツにつけこまれ、ヨーロッパを死地におとしいれた英国のチェンバレン内閣は総辞職し、勇猛な海相ウインストン・チャーチルが首相に任命された。

チャーチルは五月十三日、下院で、確信をこめて怒号した。

「諸君は予に政策を問わんとしている。予は答える。戦わんのみ。諸君は予に戦争の目的を問わんとしている。予は一言にして答える。勝利のためと」

オランダ政府は五月十三日、オランダ王室とともにロンドンに逃避した。

この間、米合衆国艦隊は、五月七日、当分のあいだ無期限にハワイ真珠湾を臨時根拠地として、艦隊を残留させることを決定していた。日本軍の蘭印（オランダ領東インド諸島、現インドネシア）侵入を牽制する意図である。

1940年6月、無防備都市パリに無血入城するドイツ軍

日本海軍の軍令部は、五月十五日から二十一日にかけ、日米戦争のばあいの図上演習をおこなった。日本の継戦力は一年半、甘く見て二年だが、開戦後一年で日米の兵力比は五対十ほどになるという結論になった。米国から全面禁輸をうけたばあいは、

「四、五ヵ月以内に南方（蘭印）に武力行使をおこなわなければ、燃料不足で戦争遂行ができなくなる」

みこみであった。

報告をうけた吉田海相は、軍令部第一部長宇垣纒《まとめ》少将に言った。

「蘭印の資源要地を占領しても、海上交通線（シーレーン）の確保が困難で、資源を日本に持ってくることができないのではないか。そうとすれば、蘭印攻略も意味がないのではないか」

要するに、対米戦では日本海軍は一年以内に決着をつけなければならないが、それは期待できないから、戦うべきではない、という結論であった。

ドイツ軍に包囲された英軍とその同盟軍約三十四万人は、五月二十六日から六月三日にかけて、フランス北岸ダンケルクから、命からがら英本土に撤退した。

フランスが風前の灯《ともしび》となった六月十日、イタリアはチャンス到来とばかり英仏に宣戦を布告した。

ドイツ軍は六月十四日、無防備都市を宣言したパリに無血入城し、六月十六日、レイノーにかわって首相になったペタン元帥は降伏を決意した。

独仏間の休戦協定の調印が、六月二十二日、コンピエーニュの森でおこなわれた。

ドイツ軍の電撃的な快進撃に目を見張り、驚喜した日本の親独伊派は、ドイツ軍がまもなく英本土に上陸して、英国を屈服させるであろうと信じて疑わなくなった。

そこで彼らは、蘭印、仏印（現ベトナム地方）と英国支配下の香港、マレー、シンガポール、ビルマ、インドなどを、英仏蘭の弱みに乗じ、武力をもって日本が奪取する欲望をつよめた。

「その地域に産出する石油、ゴム、錫《すず》、キニーネ、コプラ、米などを手に入れれば、日本経済は安定する。

その地域を通じて英米から物資の補給をうけ、日本軍に抗議をつづけている蔣介石政府は、物資欠乏で戦えなくなる」

と、一石二鳥を当てこんだのである。

ところが、向かうところ敵なしと見えたドイツ軍が、意外にも英本土上陸作戦には成算が立たず、実行にうつることができなくなっていた。

ドイツ海軍長官レーダー大将は、前年の一九三九年十一月から、英海空軍が強力なため、ドーバー海峡をわたり英本土に上陸することは、ほとんど不可能と見ていた。

一九四〇年六月ごろは、すくなくとも制空権を獲得したあとでなければ、作戦は成功しないという判断になった。だが、ドイツ空軍がドーバー海峡上の制空権を獲得することは、はなはだ困難であった。

英国はこのころ、ドイツに優るとも劣らない戦闘機ハリケーンとスピットファイアを持ち、とくにドイツにないレーダーを有効につかって戦果をふやし、味方の損害をいちじるしく減少させることに成功していた。

そこへもってきて英海軍は、ドイツ海軍とはくらべものにならないほど強大で、上陸軍の損害は甚大になるはずである。

ドイツが英国を屈服させるか否か、それは日本の運命を決する重大問題である。もしドイツが英国を屈服させることができなければ、米国はやがて英国の援助を得て、逆にドイツを屈服させる算が大となる。そのようなドイツと軍事同盟をむすべば、いずれ日本も米英に敗れるからである。

ところが、ドイツ軍の陸上の快進撃に幻惑された日本は、この実情をほとんどつかんでいなかった。欧州からの情報には、ドイツ高官の談話はあっても、現場を調べ、その真否を確認したものはなかった。

「閑院宮はロボットにすぎなかった」という畑の回想

硬骨の内大臣湯浅倉平が肺気腫《きしゅ》（肺が拡張し、呼吸困難となる）のために辞任して、木戸幸一が内大臣に就任したのは、六月一日である。湯浅、西園寺、近衛、松平恒雄らがそれに賛成したという。

ところが、近衛、平沼と気脈を通じる木戸は、すでに米内内閣を排除して、第二次近衛内閣を成立させる運動をはじめていた。

近衛は六月二十四日、枢密院議長をみずから辞任した。次期首相となり、「国民各階各層を持って一丸とする挙国的政治体制」をつくり、陸軍と協調して独伊との協定を強化し、蔣介石政権を屈服させ、中国から英米などの勢力を駆逐して、日満支による東亜新秩序を確立しようと意欲を燃やしたのである。

枢密院も味方につけたいと考えた近衛は、平沼騏一郎を後任の議長に推した。ところが、それに対しては米内が立ちふさがった。米内は、近衛、木戸、平沼らの全体主義的新体制運動には反対で、副議長の原嘉道《よしみち》を後任議長に推薦し、原の要請によって、鈴木貫太郎退役海軍大将を副議長に就任させた。

法曹界長老の原は中庸の思想をもつ人格者で、鈴木は二・二六事件のさいテロ将校らに撃たれ、九死に一生を得た前侍従長でもある。

しかし、プライドを傷つけられた近衛、平沼は憤り、陸軍は陸軍に対する挑戦とうけとった。

参謀本部第二（作戦）課・第八（情報宣伝）課と、陸軍省軍事課・軍務課は、六月二十五日、「欧州情勢ニ伴フ時局処理要綱案」を作成した。要点を平易にのべる。

「帝国は世界情勢の変局に対処して、すみやかに支那事変を解決するとともに、とくに内外の情勢を改善し、つづいて好機をとらえて対南方問題の解決につとめる」

が方針である。

内容は、

「第三国の援蔣行為を絶滅させ、あらゆる手段をつくして重慶政権を屈服させる。

独伊との結束を強化し、ソ連とは飛躍的な協調をはかる。

好機に乗じ、仏印、香港、英領マレーなどに武力を行使して占領する。

対米戦はつとめて避けるが、情況により武力を行使することも予期し、準備に遺憾なきを期す。

国内では新世界情勢にもとづく国防国家の完成を促進させる。そのため、戦時態勢の強化、強力政治機構の確立、総動員法の全面的発動、対英米依存経済からの脱却、国民精神の昂揚および国内世論の統一などの実現を期す」

などである。

この要綱案は、ドイツ、イタリアとおなじく、全体主義・軍国主義・帝国主義の政策である。

七月三日、「欧州情勢ニ伴フ時局処理要綱案」を検討した畑陸相以下の陸軍省と閑院宮総長以下の参謀本部の首脳は、ほぼ原案どおり採択し、「世界情勢ノ推移ニ伴フ時局処理要綱案」と改題して陸軍案とした。

陸軍は全員一致して、伊独と軍事同盟をむすび、中国、仏印、香港、マレー、蘭印などを、好機に乗じ武力をもって制圧する決意をかためたのである。

翌七月四日、参謀本部第二（作戦）課長岡田重一大佐、陸軍省軍務課高級課員永井八津次中佐らは、霞が関の海軍省赤煉瓦ビル三階の軍令部にゆき、海軍側に陸軍案の説明をおこなった。

海軍側は、軍令部第一部第一課（作戦）長中沢佑《たすく》大佐（四十三期）、同第一部（作戦）直属（戦争指導）大野竹二大佐（四十四期）、海軍省軍務局第一課局員三和《みわ》義勇《よしたけ》中佐（四十八期）らが出席していた。

陸軍側の説明に、海軍側も大筋において同意した。

軍令部第一部（作戦）直属の大野竹二大佐（四十四期）は、言った。

「北守（対ソ）南進の趣旨は同感、だいたいのラインは容認する。

ドイツ軍の英本土上陸作戦の成功によって、イギリスの海外植民地が独立し、大英帝国が崩壊するようなばあいは好機であろう」（防衛庁戦史室所蔵『世界の推移に伴う時局処理要綱に関する綴』）

おなじく七月四日、午後二時、参謀次長沢田茂中将は、陸軍大臣室で畑に会い、「大本営参謀総長ヨリ陸軍大臣ヘノ要望　七月四日」と題した文書を提示した。

「帝国としては一日もすみやかな支那事変の解決が緊要である。

しかるに現内閣は消極退嬰《たいえい》で、とうてい現下の時局を切り抜けられるとは思わない。

……このさい挙国強力な内閣を組織し、右顧佐眄《さべん》することなく、断乎諸政策を実行させることが肝要である。

右に関しこのさい陸軍大臣の善処を切望する」

参謀総長は閑院宮元帥で、畑が陸相を辞任し、かわりの陸相を出さず、米内内閣を倒せということである。

畑は昭和三十三年（一九五八）十月十五日、法務省矯正局顧問原忠一元海軍中将（三十九期）と、同参与豊田隈《くま》雄元海軍大佐（五十一期）に、こう語っている。

「……私の陸相辞任を決定的ならしめたのは、参謀本部下僚の策謀であり、閑院総長宮のお墨付で私に辞職を勧告したことであった。当時閑院宮はすでに老齢（七十五歳）であり、ひらたくいえばロボットにすぎなかった」

内閣総辞職時の米内の確信

七月九日、海軍の軍令部第一部作戦課の川井巌中佐（四十七期）は、陸軍の「世界情勢ノ推移ニ伴フ……」に対する大本営海軍部（軍令部）案を参謀本部に提示して、説明をおこなった。それも陸軍と大差なく、英仏蘭の弱みにつけこもうという案で、武力行使の基準は、わかりやすく言えば、

「支那事変が解決しないうちは、第三国（英仏蘭米など）と開戦にならないていどに策をすすめる。

支那事変が解決するか、世界情勢がとくに有利に進展すれば（ドイツが英本土を攻略し、米国が英国側に参戦しないなど）、仏印、香港、マレー、蘭印などに対しても、必要により武力を行使し、目的を達成する。

戦争相手は英国だけにかぎるように努力するが、対米戦の準備も遺憾なきを期す」

というものであった。

軍令部の主要首脳は、総長伏見宮元帥、次長近藤信竹中将（三十五期）、第一（作戦）部長宇垣纒《まとめ》少将（四十期）、第一課長中沢佑《たすく》大佐（四十三期）、第三（情報）部長岡敬純《たかずみ》少将（三十九期）で、彼らがこの案を承認したのである。

海軍省の主要首脳は、海相吉田善吾中将（三十二期）、次官住山《すみやま》徳太郎中将（三十四期）、軍務局長阿部勝雄少将（四十期）である。しかし彼らは、米内・山本・井上らと比較すれば格段に力不足で、軍令部に反論することはできなかった。

陸軍に同調し、陸軍を力づけた海軍のこの態勢で、米内内閣の命運が尽きることも決定された。

陸相畑は、七月十四日夜、米内のつごうで米内に会えなくなったので、準備していた覚書を首相秘書官にわたした。

「世界情勢の一大転換期に際会し、国内体制の強化、外交方針の刷新は焦眉《しょうび》の急となっている。しかるに政府はなんら為すところなく、いたずらに機会を逸している。これでは事変処理のためにも支障がある。すべからくこのさい人心を一新し、新体制の確立を促進するため現内閣の進退を決意すべきである」

という趣旨である。

米内は、陸軍と畑の考えを明確に知った。しかし、米内には米内の考えがあった。

「近衛が提唱する国内新体制（全体主義的・軍国主義的政治・経済・文化体制）とかいうものには絶対に反対で、あくまでも立憲的に行動する。

欧州の情勢に刺戟され、英米を対象とする三国同盟の議がさかんになってきたが、独伊は信頼できない。とくに中国問題でドイツと提携すれば、ドイツは中国に介入してくるし、英米との衝突の恐れが大となり、もっとも危険である。中国問題は日英中の三国間の交渉によって解決すべきである。日独伊三国同盟には絶対に反対する。

あくまで自由の立場に立ち、わけのわからぬ強がり（東亜の盟主になるなど）を言わず、他人の褌《ふんどし》で相撲を取るような依頼心（独伊への）を抑え、欧州戦争の渦中に巻き込まれることなく、静観の態度をとって妄動しないことは世界平和のためであり、日本の将来のためにもよろしい」

というものである（高木惣吉写・実松譲編『海軍大将米内光政覚書』）。

七月十六日、閣議のまえ、午前九時五十分ごろ、畑は米内と対決し、用意の辞表を提出した。

陸軍は、午後一時半から、閑院宮参謀総長、山田乙三《おとぞう》教育総監、畑陸相の三長官会議をひらき、ついで寺内寿一、杉山元両大将、岡村寧次中将の三軍事参議官の意見を聞き、後任陸相を出さないことを決定した。

畑がその陸軍の意思を米内につたえた。

米内は、午後四時半、参集した閣僚に経過を説明し、辞表の提出を要請した。だれも異議をとなえなかった。

各閣僚の辞表を持った米内は葉山の御用邸にゆき、午後七時四十分ごろ、天皇に辞表を提出した。

天皇も、陸軍ばかりか、近衛、木戸も米内内閣の更迭をのぞみ、右翼暗殺団は二・二六事件とおなじような行動に出る気配をしめし、海軍まで陸軍に同調するようになっては、米内内閣の退陣をみとめるほかなくなったようである。もし存続させれば、重大な禍が発生するおそれがきわめて大であった。

米内は、内閣崩壊について、のちに陸軍の反感、畑の辞表提出などをあげているが、その

最後に、

「これを要するに、私の内閣が挂冠するに至ったのは、陸軍およびほかの軍国主義的かつ侵略的傾向のある諸団体によって強制されたものであります」

とのべている（『海軍大将米内光政覚書』）。

慶応義塾塾長の小泉信三には、こう語っている。

「私では三国同盟もやらず、国内改革もしないからというので、倒閣になったのです。その原因をなした畑陸軍大臣は意気銷沈《しょうちん》し、最後の閣議の席上、こんどのことは何としても自分が悪いのですから、いくら責められても甘んじてうけますと言い、かえって被害者である私のほうで気の毒になったくらいでした。ある閣僚から注意があったので、私の方から手を差しのばして握手しました」

内閣総辞職時、米内は六十歳であった。天皇は三十九歳、畑が六十一歳、木戸が五十一歳、近衛が四十九歳、そして閑院宮が七十四歳、伏見宮が六十四歳である。

第13章　海軍を乗っ取った反米英・親独伊派

陸軍に操られる第二次近衛内閣成立

枢密院議長原、元首相の重臣若槻、岡田、広田、林、平沼らと、内大臣木戸の推薦によって、七月十七日夜、近衛に組閣の大命が下った。

元老西園寺は、

「近来病気のみならず、政界事情にうときため、責任をもって奉答いたし難し」

と断わっていた。近衛を推薦することにも疑問を感じていたようである。

陸軍と協調する意思の近衛を首相とする第二次近衛内閣は、昭和十五年（一九四〇）七月二十二日に成立した。

陸軍推薦の陸相は、もっとも積極的軍国主義・帝国主義者で、反米英・親独伊の航空総監東條英機中将であった。

海軍は吉田善吾中将を海相に留任させた。吉田は、昭和三十一年（一九五六）十二月になって、留任の事情を、財団法人水交会（旧海軍関係者の親睦団体）にこう打ち明けている。

「私は心身ともに疲労しているうえ、欧州情勢の急変にともない、政界多事、陸軍がうるさいので嫌気がさし、第二次近衛内閣に留任しないつもりでいた。ところが、総長宮（伏見宮）がしきりにすすめられる。殿下は私より十歳も御年が上であり、ひきつづき総長をしておられる（昭和七年二月から、すでに八年五ヵ月）ので、疲れたとは断わりきれず、とうとう留任することにしたが、これが失敗であった」

伏見宮は、気の小さい吉田ならば、自分の意思に従い、陸軍とも衝突しないと考えたようである。

そのかわり吉田は、まもなくノイローゼが高じて倒れることになる。

近衛は外相有田の後任に、日本が国際連盟を脱退したときの立役者、松岡洋右《ようすけ》をえらんだ。権謀術策をしきりにつかう松岡に強い危惧《きぐ》の念を抱いた天皇は、閣僚名簿捧呈のとき、

「松岡は大丈夫か」

と、くりかえし近衛に念を押したが、近衛は松岡をかえなかった。

近衛の外交に対する考えは、

「英米との交渉をやるのにも、あるていど独伊との関係を強化する必要がある」

というもので、松岡の、

「日米戦争を阻止するには毅然たる態度をもって臨むほかなし。しかりとすれば、その毅然たる態度をつよむるために一国にても多くの国とかたく提携し、米国に対抗することが外交

上奏緊《きつきん》であると信ずる」

に通じるものであった。

第二次近衛内閣は、七月二十六日、「基本国策要綱」を採択した。これは巻頭のすぐあとに書いたので省略するが、国民の言論の自由をおさえ、全面的統制経済をおこない、軍国主義国家をつくり、日本を東アジア地域の盟主にしようという内容である。

翌七月二十七日には、大本営・政府連絡会議で、陸海軍と外務省が合意した「世界情勢ノ推移ニ伴フ時局処理要綱案」を採択した。

こうして日本は、明確に反米英・親独伊路線に踏みきり、武力による南方進出を強行することになった。

外相松岡は「独伊との提携以外にない」と力説

ドイツ総統ヒトラーは、一九四〇年七月三十一日、陸軍参謀総長ハルダー元帥と海軍長官レーダー大将に語った。

「航空作戦がうまくいかなければ、英本土進撃は中止せざるをえない。そして、ソ連を撃たざるをえない」

英本土上陸作戦をやめ、独ソ不可侵条約を破ってソ連に攻めこみ、豊沃なウクライナ地方とウラル大鉱脈地帯、それにコーカサス油田地帯などを奪取して、不敗の大ドイツ帝国を建設しようというのである。

1940年7月19日、大命降下により近衛(左端)は、東條、吉田、松岡(右端から)を招いて協力を要請すべく「荻外荘会談」を開いた

駐独日本大使来栖《くるす》三郎から、八月二十三日、ドイツ外相リッベントロップの片腕ハインリッヒ・スターマーが、九月七日東京着の予定で出発した、という電報が外務省にとどいた。

対英作戦がうまくいかないので、日本と三国同盟をむすび、日本を米国の参戦抑止に役立てようというドイツの謀略である。

このころ海軍中央に、陸軍と協力して日独伊三国同盟をむすび、日本を東アジアの盟主にしようと画策する四人の野心家がいた。

その筆頭が、かつて加藤寛治の私的配下として軍令部の権限拡大強化に奔走し、いまは興亜院政務部第一課長となり、陸軍や外務省との交渉に当たっている政治将校石川信吾海軍大佐（四十二期）である。

石川につぐのが、「カミガカリ」というアダ名の軍令部兵力編成担当部員神重徳《かみしげのり》中佐（四十八期）で、あとの二人が海軍省軍務局渉外担当藤井茂中佐（四十九期）と柴勝男中佐（五十期）である。

彼らの政治的策動をとりしまるべき責任者は、海軍省では海相吉田、次官住山、軍務局長阿部、軍務局第一課長矢野英雄大佐（四十三期）らだが、いずれも線がほそく、なにもできないでいた。

軍令部では総長伏見宮が反米英・親独伊派の代表であるために、次長近藤、第一部長宇垣、第一課長中沢らは、彼らの策動を放任していた。

八月二十九日、陸軍側の東條陸相、阿南次官、武藤章軍務局長、閑院宮参謀総長、沢田参謀次長、冨永恭次第一部長と、海軍側の吉田海相、住山次官、阿部軍務局長、伏見宮軍令部総長、近藤軍令部次長、宇垣第一部長が、赤坂の星ヶ岡茶寮で、「世界情勢ノ推移ニ伴フ時局処理要綱」の具体的問題について懇談した。

海軍側は、軍令部が作成した「世界情勢ノ推移ニ伴フ時局処理要綱ニ関スル覚」を陸軍側に説明した。そのなかの「武力を行使する場合」は、つぎのようなものであった。平易に書く。

「米国が日本に対して全面的に禁輸を断行し、第三国もそれに同調して、必要物資を得るためにやむをえなくなったばあい

米英共同で日本に圧迫を加え、また加えようとする企図が明らかとなったばあい（太平洋の英国領の要所を米国が使用するようなこと）

米英が単独で日本の存立を直接脅威する措置をとったばあい（フィリピン方面の米兵力、

東洋の英兵力のいちじるしい増勢など）
米国が欧州戦争に参加し、東洋に割ける余力が小になったばあい
英国の敗戦が明らかとなり、東洋に対する戦力が小となったばあい
英国の領土を侵しても、英国を援助するために米国が乗り出しそうもないばあい
日本が直接英国を目標としないかぎり、英国が日本に対して立ちそうもなく、米国もまた立ちそうもないばあい」

八月三十日、海軍大臣秘書官福地誠夫《のぶお》少佐（五十三期）と杉江一三少佐（五十六期）は、海軍大臣室で吉田に書類をみせた。吉田はつぶやいた。

「このままでは、日本は滅亡だよ」

興亜院政務部長鈴木貞一陸軍少将からたのまれた同政治部第一課長石川信吾海軍大佐は、九月三日、海相吉田を目黒区柿の木坂の自宅に訪ね、

「大臣の肚《はら》が三国同盟反対と決しているのでしたら、陸軍を向こうにまわして大ゲンカをやりましょう」

と、カマをかけた。三国同盟に対する吉田の真意をさぐろうとしたのである。

「このさい、陸軍とケンカするのはまずい」

と、吉田は釣られて口走った。現実には伏見宮と対立することになり、それがもっともまずいのである。

石川はたたみかけた。

「それでは三国同盟に同意することになるのですか」

「しかし、対米準備がないからなあ」

「ここまでくれば、リクツではなくて、いずれを採るかという決心の問題で、大臣の肚ひとつだと思います」

「困ったなあ」

石川が帰ったあと、吉田は極度の興奮状態におちいった。駆けつけた金井泉軍医大佐が鎮静剤の注射をし、そのまま築地の海軍軍医学校診療所にはこび、入院させた。

明くる九月四日、吉田は病室で辞表を書き、次官住山にそれを首相近衛にとどけさせた。

住山は、後任海相に、伏見宮の指示に従い、横須賀鎮守府司令長官及川古志郎大将を近衛に推薦した。

近衛は以前から、海相には、「陸軍と協調できる人物」と注文をつけていた。

石川信吾は、おなじ長州出身の木戸幸一、松岡洋右と親しくしていて、近衛とも知るようになり、近衛には、「及川ならばあなたの注文に合うだろ」と話してあった。

明るく九月五日昼すぎ、海相官邸で及川に会った石川は、

「大臣をひきうけておいでになったのでしょう」

とたずねた。及川はうなずいた。

「それでは別に申し上げることはありません」

石川はそう言ってひきさがった。大臣をひきうけたというのは、三国同盟に同意したとい

うことだと思ったのである。

当然、三国同盟に関して伏見宮との合意もあったはずである。

及川は、「三国同盟に対して、海軍のこれ以上の反対は適当ではない」と言っている海軍航空本部長豊田貞次《ていじ》郎《ろう》中将（三十三期）を、伏見宮の承認を得て、九月六日、海軍次官に起用した。

豊田は、明治三十八年（一九〇五）十一月、三十三期百七十一人中の首席で兵学校を卒業し、長い駐英生活とロンドン海軍軍縮会議交渉で世界情勢に通じ、近衛や松岡とも知り合っている切れ者と見られている。

九月六日の四相会議（首相、外相、陸相、海相）で、海相及川は発言した。

「原則的に三国同盟に同意するが、自動的参戦の義務を負うことには絶対反対する」

海相　及川古志郎

外相松岡は、九月六日に来日したドイツの特使スターマーと日独伊三国同盟の条約案をつくり、九月十二日の四相会議に提示した。

「日本、ドイツ、イタリアは前述の趣旨（新秩序建設に関するそれぞれの指導的地位）にもとづく努力について相互に協力し、かつ協議すること。ならびに右三国のうち一国が現在の欧州戦争または日支紛争に参加していない一国から攻撃された場合には、あらゆる政治的、経済的、軍事的方法によって相互に援助すべきことを約す」という骨子のものである。

陸相東條は全面的に賛成し、及川は考えさせてくれと態度を保留した。

海軍次官豊田は、九月十三日、松岡と会い、前記の主文につぎのような極秘の交換公文をつけるならば、三国同盟に同意すると内約した。

「攻撃されたかどうかの判定は、三締盟国の協議によることとする。

自動参戦義務と実際の援助行為を分けるための決定は、各国政府の承認を必要とする」

この同盟条約の本質は、主文のとおり、三国のなかの一国が他国の攻撃をうけたばあいは他の二国に自動参戦の義務が生ずる、というものである。

しかし交換公文によって、かならずしも自動参戦の義務があるとはかぎらない、という意見である。

豊田の報告を聞いた及川と伏見宮も、豊田の意見に同意した。

九月十四日、大本営・政府連絡会議の準備会で、松岡は演説した。

「いまドイツの提案を蹴ったばあい、ドイツは英を降し、最悪の場合ヨーロッパ連邦をつくり、米と妥協し、英蘭などヨーロッパ連邦の植民地をして、日本に一指も染めさせないだろう。

仮りに米英側につくと、一時は物資に苦しまないが、前大戦後あんな目に会った（ワシントン、ロンドン会議など）のだから、こんどはどんな目に会うかわからない。いわんや蔣介石は抗日ではなく、侮日、排日をいっそう強めよう。宙ブラリンではいけない。すなわち、米英との提携は考えられない。

残された道は、独伊との提携以外にない」

陸軍は同意なので、だまっていた。

海軍は、及川が代表して発言した。

「それ以外に道はない。ついては軍備について、ことに陸軍当局は考慮していただきたい」

伏見宮軍令部総長の代弁であった。

日独伊三国同盟締結に天皇は失望落胆

大角岑生《おおすみみねお》、永野修身両大将ら各軍事参議官、山本五十六中将以下各艦隊司令長官、横須賀鎮守府司令長官塩沢幸一大将（三十二期）ほか各鎮守府司令長官などをあつめた海軍首脳会議が、九月十五日夕刻、海相官邸でひらかれた。三国同盟問題が議題である。

司会者は海軍次官豊田貞次郎で、軍務局長阿部勝雄が経過を説明した。

ところが、説明が終わったとたん、とつぜん、軍令部総長伏見宮が座ったまま、

「ここまできたらしかたないね」

と座を制するように発言した。

ついで先任軍事参議官の大角が、

「軍事参議官としては（三国同盟条約締結に）賛成である」

と、太鼓をたたくように言った。軍事参議官全員の意見をまとめたわけではないのに、そうであるかのような言い方であった。

伏見宮は皇族の権威によって、大角は先任現役大将（二十四期）の立場によって、三国同盟に対する反対論を、頭から封じようとしたのである。

一同は伏見宮にさからえず、おしだまった。

連合艦隊司令長官山本五十六だけが立ち上がり、

「条約が成立すれば米国と衝突するかもしれない。現状では航空兵力が不足し、陸上攻撃機を二倍にしなければならない」

というような発言をしたが、迫力があるものではなかった。

けっきょく海相及川が、

「それでは海軍は、日独伊三国同盟に賛成ということにいたします」

と宣言し、会議は終わった。

（軍事参議官長谷川清大将〈三十一期〉の昭和三十七年の証言、野村実著『歴史のなかの日本海軍』参照）

会議のすすめ方は、伏見宮、大角、永野、及川、豊田らが、事前にしめし合わせていたものであった。

松岡外相の三国同盟案は、九月十六日の閣議で承認され、近衛は午後四時半、天皇に報告した。天皇は沈痛な面持で、

ドイツ大使館でおこなわれた日独伊三国同盟調印祝賀会にて――手前の左から、スターマー、近衛、松岡、東條

「……アメリカに対して、もう打つ手がないというなら、いたしかたあるまい。しかしながら、万一アメリカと事をかまえるばあいには、海軍はどうだろうか。海軍大学の図上作戦では、対米戦争に負けるということを聞いたが、だいじょうぶだろうか」

と、痛切な疑問を投げかけた。自分もそれを恐れる近衛は、答えることができなかった。

日独伊三国同盟条約が、ベルリンのヒトラー総統官邸で、来栖《くるす》三郎駐独日本大使、リッベントロップ独外相、チアノ伊外相によって調印されたのは、昭和十五年九月二十七日午後である。

こうして日本は、ファシズム国家ドイツ、イタリアの仲間となり、米英仏を敵とすることを、世界に向かって明らかにしたのである。

三国同盟成立を聞いた元老西園寺公望は、側に仕える女たちに、

「これで、もうお前さんたちさえ、畳の上で死ぬことはできない」

と言い、一日中、床の上で瞑目して、ひと言も口を利かなかった。

西園寺は二ヵ月後の十一月二十四日、興津の坐漁

荘で生涯を閉じた。九十一歳なので、天寿を全《まっと》うしたといえるが、思い残すことが多かったにちがいない。

朝日新聞主筆の緒方竹虎は、三国同盟締結直後、無官の米内を訪ねた。

「われわれの三国同盟反対は、あたかもナイアガラ瀑布の一、二町上手で、流れに逆らって舟を漕いでいるようなもので、今から見ると無駄な努力だった」

米内はそう言って嘆息した。

「米内、山本の海軍がつづいていたなら、徹頭徹尾反対しましたか」

緒方が問うと、

「むろん反対しました」

と答えたが、しばらく考え、

「でも殺されたでしょうね」

と感慨に堪えないように言った。

昭和十九年（一九四四）三月末、ある会食の席で、慶応義塾塾長の小泉信三に三国同盟のことを聞かれたときは、米内ははっきり答えた。

「三国同盟を結んでおいて日米国交をやろうというのは無理な相談です。近衛君にあとで聞いてみましたが、ただ自分の不明でしたと言うばかりでした」

日独伊三国同盟に対して、伏見宮が昭和天皇の意を体して、海軍を絶対反対にまとめ、松岡と陸軍に対抗したならば、三国同盟条約の締結は阻止することができたであろう。

閑院宮参謀総長と伏見宮軍令部総長が一致協力

閑院宮参謀総長と伏見宮軍令部総長が、天皇に、北部仏印進駐に対する大命の裁可を願い出たのは、九月十四日であった。

トンキン湾に面するハイフォン港から中越国境を越えて重慶へ送られる英・米などの援蔣物資を阻止する目的という。

前日の首相・陸・海・外相の四相会議では、

「九月二十二日零時（日本時間）以降、随時、日本軍は平和的に進駐する。仏印軍が抵抗すれば武力を行使することを得る」

ことが決定された。

天皇は両総長にくりかえし国際正義を尊重するよう念を押し、ようやく、

「過早な発砲は禁ずる」

という厳命の下に、北部仏印進駐の大命を下した。

九月二十二日、天皇の憂慮をとり払うように、日仏協定が成立した。

「駐屯日本軍の兵力は六千人を越えない。

連絡員以外のハノイ立ち入りは認めない。

日本軍の使用飛行場は四ヵ所とする」

ところが、よく九月二十三日、現地に派遣されていた参謀本部第一部長冨永恭次少将は、

天皇の厳命も日仏協定も無視して、陸軍部隊の武力進駐と北部仏印占領を指導した。

陸上を武力進撃した陸軍部隊は、二十五日にはハノイ北東のランソンを占領した。

輸送船団で海上進出した西村兵団（指揮官西村琢磨《たくま》陸軍少将）は、平和進駐の大本営命令にかまわず、護衛の海軍部隊の反対を押し切り、二十六日、ドウソンふきんに強行上陸した。

それを見た海軍部隊の第一護衛隊指揮官藤田類太郎少将（三十八期）は、命令違反の西村兵団を置き去りにして、海南島北岸の基地海口へ去っていった。

天皇命に背く北部仏印武力進駐の中心人物は、参謀本部第一部長冨永と、南支那方面軍参謀副長佐藤賢了大佐であった。

冨永も佐藤も、陸相東條の腹心中の腹心である。

天皇の非常な不興にかかわらず、東條はこの二人を厳重に処分しなかった。冨永は一時形式的左遷ののち、陸軍省人事局長、ついで陸軍次官となり、佐藤は無処罰のまま陸軍省軍務課長、ついで軍務局長になった。

日本軍の北部仏印に対して、米国はきびしく反応した。

九月二十五日、蔣介石政権に二千五百万ドルの借款《しゃっかん》を供与すると言明し、二十六日には、日独伊への屑鉄、鋼鉄輸出を禁止すると発表した。

日独伊三国同盟が九月二十七日に締結されると、米国民は畏縮するどころか、対日戦への意志を強化させた。

国務省の国際経済顧問をしていたハーバート・ファイスは、『真珠湾への道』のなかでこう書いている。

「情勢の変化は、つづく数ヵ月間における米国の政策の傾向のなかに表現された。それは、近衛や松岡や東條が、米国が採るだろうと予言したものとはまったく反対の方向を採ったものであった。

米国政府は、単に日本政府がすでに予見していた貿易制度の諸措置を計画しはじめただけではなかった。米国政府は、はじめて、南・西太平洋の遠隔区域におけるすべての武力の使用をも考慮しはじめたのである。

考え方と行動の双方の分野で、米国は英帝国に接近していった」

十月三十日、米国は、さきの二千五百万ドル借款にひきつづき、蔣介石政権に一億ドルの借款と、百機にのぼる航空機のひきわたし、航空士・航空術教官の派遣も許可した。

米大統領ルーズベルトは、十二月二十九日、「炉辺閑談《ろへん》」のなかで、

「いわゆる欧州および極東の新秩序（ドイツがヨーロッパの大部分を、イタリアが南欧とアフリカを、日本が大東亜共栄圏と称する東アジアを支配するというもの）は、世界の人類を奴隷とせんとする『不神聖同盟』にほかならない。

英国はいまこの不神聖同盟と戦っている。米国としては今日、英国援助のための可能なるあらゆる手段を尽くすほうが、拱手傍観《きょうしゅ》、将来を待つよりははるかに戦争に巻きこまれる可能性がすくないと、わたしは断言して憚《はばか》らない」

とのべ、軍備を充実し、侵略国と戦っている国を援助することを強調した。

海軍の対米英強硬派中堅将校群

昭和六年十二月から九年ちかくも長年月、参謀総長をつづけてきた閑院宮載仁《ことひと》親王元帥が、昭和十五年十月三日、ようやく退任した。しかし、新参謀総長には、閑院宮よりさらに危険な杉山元《はじめ》大将が就任した。

閑院宮は老化し、軍国主義体制がととのった現在では、もはや陸軍にとっても厄介になったのである。

十月十六日で満六十五歳になる伏見宮は、昭和七年二月から八年八ヵ月も海軍軍令部長・軍令部総長（昭和八年十月に改称）をつづけているが、なお現職にふみとどまっている。

海軍省では、十月十五日、無為無策の軍務局長阿部勝雄少将にかわり、機略縦横の軍令部第三（情報）部長岡敬純《たかずみ》少将（三十九期）が軍務局長に就任してから、軍令部、海軍省内の反米英・親独伊派の勢力がめだって強くなった。

軍令部第一（作戦）課先任部員神重徳中佐（四十八期）は十月末ごろ、陸軍でもっとも強硬な武断派のひとり参謀本部第一（作戦）部長田中新一少将を訪ね、煽動するように言った。

「蘭印（現インドネシア）をやり、英米を敵としても、十六年四月以降ならばさしつかえありません。四月中旬になれば、対米七割五分の戦備がととのいます（日本海軍はワシントン条約、ロンドン条約で対米六割台の兵力に制限された）。十六年四、五月ごろ、海軍としても戦争をやらねばなりません。十六年暮れになると、修理を要する艦艇が多くなり、作戦がやりにくくなります」

興亜院政務部第一課長から、十一月十五日に着任した国防政策担当の海軍省軍務局第二課長石川信吾大佐（四十二期）と、石川が軍務局第一課からひきぬいた同課の藤井茂中佐（四十九期）、柴勝男中佐（五十期）らは、神重徳におとらぬ反米英・親独伊の武断派であった。

石川は、おなじ長州（山口県）出身で、攻玉社中学校の先輩でもある岡にみこまれてひきたてられ、神とは意気投合していた。

その十一月十五日、及川海相は出師《すいし》（軍隊出動）準備実施について上奏し、同日、全軍に準備発動を令した。昭和十六年四月十日をもって、外戦部隊（連合艦隊、支那方面艦隊など）の対米七割五分の戦備を完整するものであった。日本艦隊は、対米七割の兵力があれば、米艦隊に勝てると計算していたのである。

海軍省と軍令部は、十二月十二日、軍務局第一課長高田利種《としたね》大佐（四十六期）が提案した「海軍国防政策委員会」を発足させた。

「三国同盟によって日本は英米に対抗する国策が確立された」

という前提を基本的な考えとして、

「新国策遂行のため、海軍は全責任を負う意気ごみで政府に協力し、国民を指導し、海洋国防国家態勢および総力戦準備の完整に努める」

という方針で、第一から第四までの委員会をつくったのである。そのうち、

「主として国力進展の具体策、国防政策の案画、部内各部との連絡、陸軍、興亜院などとの

連絡、指導を分担する」

という第一委員会が、とくに注目されるものであった。

軍務局第一課（軍備、軍政）長高田大佐をはじめ、同局第二課長に就任した反米英・親独伊の急先鋒石川信吾大佐、軍令部第一部長直属（戦争指導）大野竹二大佐（四十四期）、同部第一課（作戦）長富岡定俊大佐（四十五期）の四人がその委員で、彼らを補佐する幹事が、軍令部員の小野田捨次郎中佐（四十八期）、石川の部下の第二課局員藤井茂中佐、柴勝男中佐の三人である。

これらの委員、幹事は、石川をはじめ、いずれも対米英戦に積極的か、肯定的な人物であった。

委員会は各部の意思疎通をはかる機関で、権限はない。しかし、第一委員会が果たした役割について、高田利種は、戦後、

「この委員会が発足してのちの海軍の政策は、ほとんどこの委員会で動いたと見てよい。省内では書類がまわってくると、上司から第一委員会でパスしたかと聞かれ、したものはよろしいと印を押す工合」

と語っている。

海軍中枢は、たよりにならない三国同盟をたよりにして、反米英・親独伊的な第一委員会の政策案をもちい、南方攻略と対米英戦の準備をすすめたのである。

それは、伏見宮軍令部総長と、伏見宮に従う海相及川が承認したものであった。

第14章　開戦前の海軍トップ人事はすべて失敗

山本五十六が郷里の友人に出した奇妙な手紙

連合艦隊司令長官山本五十六は、昭和十五年十一月十五日、兵学校同期の出仕《しゅつし》（無任所）吉田善吾、支那方面艦隊司令長官嶋田繁太郎とともに、海軍大将に進級した。

昭和十六年（一九四一）一月七日付で、山本は、及川古志郎海軍大臣あてに、「戦備に関する意見」という書簡を書き送った。要約する。

「対米英必戦を覚悟して、戦備に訓練にはたまた作戦計画に邁進《まいしん》すべき時機に入れるは勿論《もちろん》なりとす。

……日米戦争において我の第一に遂行せざるべからざる要項は、開戦劈頭《へきとう》に敵主力（戦艦）艦隊を猛撃、撃破して、米国海軍および米国民をして救うべからざる程度にその士気を沮喪《そそう》せしむること是《これ》なり。

……日米開戦劈頭に於《お》いては、極度に善処することに努めざるべからず。而《しか》して勝敗は第一日において決するの覚悟あるを要す。

作戦実施の要領左の如し。
(一)敵主力の大部真珠湾に在泊せる場合には、飛行機隊をもってこれを徹底的に撃破し、かつ同港を閉塞す。
(二)敵主力真珠湾以外に在泊するときもまたこれに準ず。
これがために使用すべき兵力および任務。
(イ)第一(空母「赤城」「加賀」基幹)、第二(空母「蒼龍《そうりゅう》」「飛龍《ひりゅう》」基幹)航空戦隊(やむを得ざれば第二航空戦隊のみ)月明の夜または黎明を期し、全航空兵力をもって全滅を期し敵を強(奇)襲す。
……右は米主力部隊を対象とせる作戦にして、機先を制してフィリピン、シンガポール方面の敵航空兵力を急襲撃滅するの方途は、ハワイ方面作戦とおおむね日を同じくして決行せざるべからず。(以下省略)」

かんたんに解説する。

この航空部隊によるハワイ攻撃の最大の目的は、米国海軍と米国民のド肝をぬき、日本と戦争するのはごめんだ、という気持にさせることだという。

しかし、ハワイの米太平洋艦隊主力戦艦部隊を猛撃、撃破することによって、米国海軍と米国民が恐怖に駆られて音《ね》をあげるであろうか。山本は米国に長年駐在して、米国民の国民性も、人口、資源力、生産力、科学技術力などもよく知っているはずである。このくだりは、山本の希望的空想で、現実性はない。

米主力戦艦部隊を撃破し、修理がおわるまでの数ヵ月間、米国と日本の主力艦兵力の比率が同率あるいは日本優位にさせるというなら、現実性がある。

だが、それ以後どうすれば米国海軍に勝てるのか、あるいは勝てないまでも戦争終結にもっていけるのか、その点がぜんぜん不明である。

山本は航空部隊によるハワイの米主力艦攻撃だけを考えて、あとのことはなにも考えなかったのかとさえ思えてくる。

この書簡から十七日後の一月二十四日には、笹川良一あてに、後年有名になった手紙を書いた。

「……日米開戦に至らば己《おのれ》が目ざすところ素《もと》よりグアム比律賓《フイリピン》に非ず、将又《はたまた》布哇桑港《ハワイサンフランシスコ》に非ず、実に華府《ワシントン》街頭白堊《はくあ》館との思《おもい》ならざるべからず、当路の為政家果して此《この》本腰の覚悟と自信ありや、……」

ワシントン近くまで攻めこみ、ホワイトハウスで城下の盟《ちかい》をさせるのでなければ戦争は終わらないと考えなければならない。政治家たちは、そこまでの覚悟と自信を持っているのかということである。これも大ゲサで空想的だが、対米戦はやってはならないという結論ならば現実的である。

ところが、それから三ヵ月たらずの四月十四日、山本は郷里新潟県長岡の風呂屋の友人、椰野透《なぎのとおる》にあてた手紙では、つぎのようなことを書いた。

「小生も今年一年海上を死守し、幸に事なければ海軍の御奉公も先づまず用済みに付、悠々故山に清遊、時に炉辺に怪腕を揮《ふる》ふの機会も之《これ》あるべし。それまでに充分腕を研《みが》き置く様、連中に御申聞かせくだされたく。

又本年中に万一日米開戦の場合には、『流石五十《さすがいそ》サダテガニ』と言はるる丈《だけ》の事はして御覧に入れ度きものと覚悟致居候」

「怪腕を揮ふ」は、バクチ狂と思えるほどバクチ好きの山本なので、マージャンか、将棋か花札か、そういったものであろう。「流石五十サダテガニ」は、「さすがは五十六さんだけのことはある」という意味である。

これら三つの書簡から見ると、山本は、一方では対米戦は避けるべきだと言いながら、一方では「流石五十サダテガニ」と言われるような真珠湾航空攻撃計画に、憑《つ》かれたように熱中している。

これでは、「対米戦はやめろ、しかし、やるなら俺の言うとおりにやれ」と言っているようなもので、しかも「やるなら俺の言うとおりにやれ」の方がめだって強いのである。

山本は、海軍次官当時は、

「対米戦は勝てない、ぜったいにやってはならない」

と強調し、米内、井上とともに日独伊三国同盟に生命を賭して反対しつづけ、テロ集団にもねらわれていた。

米内は、そういう山本を殺したくない、いずれ時機を得て山本が海相に就任し、陸軍に屈せず、日本を救ってもらいたいと考えて、山本を当分生命の危険がない連合艦隊司令長官に推薦した。

ところが、連合艦隊司令長官になった山本は、地味な大局の立場に踏みとどまることにガマンできず、一年四ヵ月後には、何かにとりつかれたような熱っぽい書簡を海相及川に送り、機動部隊の航空攻撃隊による真珠湾攻撃をぜひとも決行したいと主張する、一か八かの大バクチ男に変化してしまった。

その理由は、アメリカと戦って勝つんだと言って鍛えた、とくに航空部隊の部下たちや郷土の人びとに対して、ひっこみがつかなくなるからのようであった。

しかし、山本個人にしても、桶狭間《おけはざま》の織田信長、ひよどり越えの源義経、川中島の上杉謙信の三人を合わせたような、人びとを「あっ」と言わせる奇襲大作戦をやってみたいという、止められない意欲に燃え上がっていたことも事実である。

山本は、昭和十六年十月二十四日付で、ときの海相嶋田繁太郎あてにこれまた有名な手紙を書いているが、そのなかで、

「……大勢に押されて立上らざるを得ずとすれば、艦隊担当者としては到底《とうてい》尋常一様の作戦にては見込み立たず、結局、桶狭間とひよどり越と川中島とを、併せ行ふの已《や》むを得ざる羽目に追込まれる次第に御座候。……」

と、花々しくのべているのである。

米内は、山本が対米戦開戦に加担して戦うようになるとは思わずに、山本を連合艦隊司令

長官に推薦したのだが、結果は逆になり、この人事は失敗に終わった。

山本は、真珠湾攻撃を言い出すことなく、平凡に連合艦隊司令長官をつとめ、昭和十六年八月までには退任し、あとは米内と協力して、早期戦争終結に努力すべきであったろう。

軍事参議官の海軍大将大角岑生は、昭和十六年二月、南支方面の視察に出かけたが、広東で飛行機が墜落して、不慮の死をとげた。

このころ伏見宮は体調がよくなく、辞任の意志がつよくなっていて、後任に大角が内定され、それにそなえた視察だったという。

四月八日、伏見宮を診察した主治医の稲田龍吉博士は、めまいは過労のためで、しばらく休養すれば回復すると診断した。しかし伏見宮は、別当の鳥巣玉樹に告げた。

「このさい離任する方がいいように思う。時局重大の折柄、斃れるまでつとめるということも考えられるが、現在のようでは満足に職務を果たすこともあやぶまれる。

海軍大臣と軍令部次長にこの旨をつたえ、意見をもとめるように」

主治医の診断の過労は、戦争にでもなったばあいの、軍令部総長の責任を考えてのストレスによるものだったかもしれない。

海相及川、軍令部次長近藤信竹中将は、伏見宮の離任に同意した。

伏見宮は、及川と近藤とを紀尾井町の自邸によび、後任を永野修身にするようにつたえた。

自分の意に副《そ》って事をすすめるのは永野だと判定したのである。

参謀総長杉山とおなじように、伏見宮よりいっそう軍事力行使に積極的な永野修身大将が、翌四月九日、新軍令部総長に就任した。

このトップ人事は対米英戦を決定づけるものになったが、伏見宮は責任ある立場からはなれ、永野を自分の身がわりにして、開戦に踏みきらせる恰好になった。

妥結不能の日米相互の要求

ドイツ、イタリアを訪問した外相松岡洋右は、モスクワにゆき、昭和十六年四月十三日、ソ連共産党書記長I・V・スターリンを相手にして、日ソ中立条約に調印した。

日ソ中立条約に調印する松岡洋右とスターリン

松岡の考えは「日本の南進のために、北辺を安泰にしておく必要がある」で、スターリンの考えは「独ソ戦のばあい、背後を安泰にしておきたい」であった。

ワシントンの駐米日本大使野村吉三郎予備役海軍大将（二十六期）は、四月十六日からハル国務長官を相手に連日のように交渉をつづけたが、交渉は思うように進展しなかった。

日本側の要求は、

「一　米英は日本の支那事変処理に容喙《ようかい》し、またはこれを妨害しないこと
二　米英は極東において日本の国防を脅威するような行為に出ないこと
三　米英は日本の必要物資獲得に協力すること」
というようなことであった。
米国側の要求は、
「一　それぞれの、そしてすべての国の領土の保全と主権の尊重
二　他国の国内問題に対する不干渉の原則の支持
三　通商上の機会均等をふくむ平等の原則の支持
四　平和的手段による場合をのぞき、太平洋における現状の不侵害」
という「ハル四原則」にもとづく、
「一　日本の枢軸（三国同盟）からの離脱
二　太平洋の平和の保証
三　中国における門戸開放
四　中国の政治的保全
五　軍事的・政治的侵略の中止
六　経済的、財政的保全」
などであった。これらのうち、最大の問題点は、
「日本軍は中国から全面的に撤兵せよ

日本は日独伊三国同盟から離脱せよ
日本は蔣介石政権（中国国民政府の）以外の政権を支持しないこと」
の三点であったが、それが両国間で折り合えなかった。とくに日本陸軍は、中国を独占的に支配したい欲望と、日本陸軍の面子《メンツ》のために、二点とも絶対反対であった。

前年十二月に発足した海軍国防政策委員会の第一委員会は、昭和十六年六月五日付で、「現情勢下ニ於テ帝国海軍ノ執ルベキ態度」というきわめてロコツな文書を、及川海相、永野軍令部総長以下の海軍首脳部に提出した。起案者が第一委員会の急先鋒石川信吾軍務局第二課長で、なかでも重大意見はつぎのようなことであった。要約する。

「戦時必需特殊資材については、泰《タイ》、仏印および蘭印よりの供給（石油、ゴム、錫、食料など）を確保できれば、だいたい帝国（日本）は軍備上および生産力拡充上の方法が確立する。したがって泰、仏印、蘭印は帝国の自存上やむをえなければ武力をもってでも確保する必要がある」

「まず仏印の日和見《ひよりみ》を封じなくてはならない。泰は、英米より早く制圧しなければ、いつ豹変するかもわからない。

蘭印は英米と軍事的連合をむすぼうとしている。だから、帝国が武力行使の姿勢を示すことは、きわめて有効である。そのためには、仏印および泰に対して、帝国が軍事的に進出することが緊要である」

海軍国防政策委員会委員長は軍務局長岡敬純少将で、第一委員会の委員、幹事は前記したようなメンバーである。

この文書に、及川海相、永野総長以下の海軍首脳部が捺印した。

軍令部総長永野は、六月十一日の大本営・政府連絡懇談会（参謀総長杉山、軍令部総長永野、首脳近衛、外相松岡、陸相東條、海相及川らが出席）で、南部仏印進駐について、「英米が妨害せば、断乎《だんこ》これを撃つべし」

と強硬に発言し、翌十二日の連絡懇談会でも、

「仏印が応じないばあい、あるいは英米蘭が妨害したばあい、武力を行使して、目的を達すべきである」と主張した（参謀本部『機密戦争日誌』）。

ドイツが六月二十二日、独ソ不可侵条約を破り、ソ連に対して攻撃を開始した。ソ連領内の資源強奪と領土拡張が目的である。

七月二日、大本営・政府連絡会議の御前会議がひらかれた。出席したのは、近衛首相以下閣僚七人、杉山参謀総長以下大本営陸軍部二人、永野軍令部総長以下同海軍部二人、原嘉道《よしみち》枢密院議長などである。

前日の七月一日の閣議で決定された「情勢ノ推移ニ伴フ帝国国策要綱」について質疑応答があった。国策要綱の要点は、

「蔣介石政権屈服のため、南方諸地域から圧力を強化す。

仏印、泰に進駐し（できれば平和的に）、南方（蘭印方面）進出の態勢を強化す。本号目的達成のため、対英米戦を辞せず。

独ソ戦の推移、帝国のため有利に進展せば、武力を行使して北方問題を解決し、北辺の安定を確保す（ソ連を攻撃し、必要地域を攻略する）」

天皇はいつものように、立憲君主制の原則に従い、不本意ながら国策要綱を裁可した。

東條陸相は、「情勢ノ推移ニ伴フ帝国国策要綱」にもとづき、満ソ国境に約八十万人の兵力を配備して対ソ作戦準備をすすめようと、有史以来の大動員計画を立て、七月七日、天皇の裁可を得て、実施にうつした。「関特演」（関東軍特種演習）とよばれるものである。

ここに至れば、日本もナチス・ドイツやソ連とおなじような国家になった、ということであろう。

七月十二日の大本営・政府連絡会議において、外相松岡が、対米交渉を打ち切るべきであると主張し、反対意見が出ても、

「日本がいかなる態度をとっても、米国の態度は変わらないと思う。米国民の性格からすれば、弱く出るとツケ上がる。このさいは強く出るのがよい」

と言い張ってゆずらなかった。

対米交渉成立に自信を失った首相近衛は、七月十六日、第二次近衛内閣の総辞職をおこなった。

しかし、重臣会議でふたたび近衛が後継内閣の首班に推され、七月十八日、第三次近衛内閣が成立し、松岡にかわる外相に、四月から商工大臣をしていた豊田貞次郎予備役海軍大将が就任した。

ところが、新内閣の対米方針がきまらないうちに南部仏印進駐の期限がきて、七月二十三日、現地陸海軍部隊に対して、進駐の大命が下った。

米国政府は、七月二十五日、在米日本資産凍結を発令し、翌日は英国、フィリピン、二十七日はオランダ、ニュージーランドがそれにつづいた。

日本軍は七月二十八日、南部仏印に進駐をはじめた。

八月一日、米国政府は日本に対して全面的石油禁輸令を発令した。

日本政府や陸軍、海軍の一部が、そこまではやるまいと見ていた経済断交を、米国は断行したのである。

国務長官ハルは、駐米日本大使野村に、「仏印より撤兵し、泰国とともに中立を保証することを要請す」という文書をわたし、

「日本の政策に変更がないかぎりは、話し合いの根拠はない」

とクギを刺した。

九月二日、大本営・政府連絡会議は、陸海軍が立案した対米（英・蘭）開戦を決意する「帝国国策遂行要領」を承認した。

「一　日本は自存自衛を全うするため、対米（英・蘭）戦争を辞さない決意の下に、十月下旬を目途として、戦争準備を完整する。
二　日本はそれに併行して、米英に対し外交の手段を尽くして日本の要求貫徹に努める。
三　外交交渉により十月上旬ごろに至っても、わが要求を貫徹できる目途がないばあいは、ただちに対米（英・蘭）開戦を決意する」

という要旨のもので、日本の要求は従来とほとんどおなじであった。

「帝国国策遂行要領」案を最終的に討議する御前会議は、九月六日にひらかれ、いくつかの質疑応答がおこなわれたが、けっきょくはだいたい原案どおり、裁可された。

天皇は、裁可のまえに、「戦争回避」の内意を一同に切々と訴えたが、それに積極的に賛成する者はいなかった。

御前会議に参加していた陸軍省軍務局長武藤章《むとうあきら》少将は、陸軍省に帰るやいなや、部下をあつめ、御前会議の速記録を読みあげ、それからこう言った。

「これはなんでもかんでも外交を妥結せよとの仰せだ。ひとつ外交をやらなければいけない。しかし俺は情勢を達観しておる。これはけっきょく戦争になるよりほかはない。どうせ戦争だ。だが、大臣や総長が天子様に押しつけて戦争にもっていったのではいけない。天子様がご自分から、お心の底からこれはどうしてもやむをえぬとおあきらめになって戦争のご決心をなさるよう、ご納得のいくまで手を打たねばならぬ。だから外交を一所けんめいやって、これでもいけないというところまでもっていかぬといけない。俺は大臣（東條陸相）へもこの旨言うとく」（『戦争叢書　陸軍開戦経緯(4)』）

つまり、「天皇はわれわれの言うとおりになるべきで、われわれは天皇の言うとおりになる必要はない」ということである。

伏見宮に従順そのものの海相及川

海軍首脳会議が、十月六日夕刻、海相官邸でひらかれた。海相及川、次官沢本頼雄《よりお》中将（三十九期）、事務局長岡敬純少将（三十九期）、軍令部総長永野、同次長伊藤整一少将（三十六期）が出席した。結論はつぎのようになった。

「外交交渉をつづけ、事態を明確につきつめる必要がある。撤兵問題（仏印、中国からの）だけで日本が戦うということはバカげたことである。原則的に撤兵とし、治安維持ができたところから順々に撤兵すればよい。条件をゆるめて交渉するのがよい」

及川がしめくくるように発言した。

「なるべく陸軍と衝突しないようにつとめますが、ケンカになってもかまわない覚悟で交渉してもよろしゅうございますか」

一同は同意した。

ところが、永野だけが、最先任者の態度で、

「それはどうかな」

と、難色を示した。

結束して「対米不戦」をつらぬこうという海軍の決意がもりあがりかかっていたが、これでいっぺんにシラケてしまった。

及川の決意はしぼみ、海軍はネコの首に鈴をつけられないネズミ集団のようになった。

明治十三年（一八八〇）六月、高知生まれの永野修身は、明治三十三年（一九〇〇）十二月、二十八期百五人中の二番で兵学校を卒業し、大正二年（一九一三）一月から四年四月まで少佐、中佐の米国駐在（ハーバード大学）となり、大正九年（一九二〇）十二月から大正十二年十月まで大佐の駐米日本大使館付武官をつとめた。

大正十三年（一九二四）二月少将の軍令部第三班（情報）長、昭和二年（一九二七）十二月中将、三年十二月海軍兵学校長、五年六月軍令部次長、八年十一月から九年十一月まで中将、大将（九年三月進級）の横鎮司令長官、昭和十年（一九三五）十一月から十一年二月までロンドン会議全権、十一年三月海相、十二年二月連合艦隊司令長官をへて、昭和十六年四月軍令部総長に就任した。

永野は米国勤務が長期間にもかかわらず、米国に対する見識がひくく、兵学校卒業時の席次は優秀だが、海相永野の次官であった山本五十六は、「自称天才」と皮肉なアダ名をつけていた。

及川古志郎は、明治十六年（一八八三）二月、新潟県長岡町に生まれ、岩手県盛岡尋常中学校（現盛岡一高）に入ったが、二年生のとき米内光政が五年生、陸軍の板垣征四郎が一年生であった。

明治三十六年（一九〇三）十二月、米内より二期下の三十一期百八十九人中の七十六番で兵学校を卒業した及川は、大正四年（一九一五）十二月、米内より一期下の海大甲種学生十三期（十七人）を卒業した。米内とおなじく、海大甲種学生出身でなければ、大将、海相にはなれなかったにちがいない。

水雷科将校で、大正十一年（一九二二）十二月中佐の第十五駆逐隊司令、十三年一月大佐の軽巡「多摩」艦長、十三年十二月軍令部第一班第一課長、昭和五年（一九三〇）六月少将の軍令部第一班長、八年十月海軍兵学校長、翌月中将、十年十二月第三艦隊（支那方面）司令長官、十一年十二月海軍航空本部長、十三年（一九三八）四月支那方面艦隊司令長官、十四年十一月大将、十五年五月横鎮司令長官をへて、同年九月海相に就任した。

及川は温厚実直な漢学者だが、妥協しやすく、伏見宮には従順そのものであった。

軍事参議官伏見宮元帥は、十月九日、二十六歳年下の昭和天皇に、気合いを入れるように直言した。

「米国とは一戦避けがたく存じます。戦うとするならば、早いほど有利です。即刻にも御前会議をひらき、対米戦を決定していただきたい」

衝撃をうけた天皇は、

「いまはその時機ではないと思う。まだ外交交渉によって尽くすべき段階である。しかしけっきょく、一戦は避けがたいであろうか」

と、つよい不満の色をみせた。

内大臣木戸幸一は、翌十月十日の日記に、つぎのように書いた。

「十時二十分より十一時二十分迄《まで》拝謁す。其の際、過日伏見宮と御会見の際、対米問題につき殿下は極めて急進論を御進言ありし趣旨にて、痛く御失望遊様《あそばされしよう》拝したり」（カタカナはひらがなに書きなおした）

東條の副官と評された嶋田繁太郎

近衛の私邸荻外荘《てきがいそう》で、十月十二日、首相近衛、外相豊田、陸相東條、海相及川、企画院総裁鈴木貞一（予備役陸軍中将）の五相会議がひらかれた。

及川は自分の意見は言わずに、

「外交で進むか戦争の手段によるかの岐路に立つ。期日は切迫している。その決は総理が判断してなすべきものなり。もし外交でやり戦争をやめるならば、それでもよろしい」

と、近衛の決断に従うと約束した。

しかし、近衛は、ここでも責任からのがれた。

「いまどちらかと言われれば、外交でやると言わざるをえず。戦争はわたしは自信ない。自信ある人にやってもらわねばならぬ」

東條は天皇の「戦争回避」の意思にかまわず、頑固一徹に主張した。

「駐兵（中国内）問題は陸相としては一歩もゆずれない。所要期間は二年、三年では問題にならぬ。第一、撤兵を主体とすることがまちがいである。退却を基礎とすることはできぬ。陸軍はガタガタになる。支那事変の終末を駐兵に求める必要があるのだ。日支条約のとおりにやる（これは蔣介石政権ではなく、日本が援助して成立させた汪兆銘政権との条約）のだ。所望期間とは永久の考えなり。……」

中国からの撤兵絶対反対、永久駐兵要求なので、日米交渉はしなくていいということである。会議は東條のために決裂となった。

陸相東條は、十月十四日の閣議では、米国の実力や独ソ戦の行く末に何の心配もないらしく、さらに主張した。

「駐兵（中国）は心臓である。主張すべきは主張すべきで、……この基本をなす心臓まで譲る必要がありますか。これまで譲り、それが外交とは何か、降伏です。ますます彼をしてズにのらせるので、どこまでいくかわからぬ。

青史の上に汚点を残す（中国駐兵は清浄で、戦争に敗北することは汚点ではないと考えているらしい）ことになる。国策の大切なところはゆずらず。たとえ他はゆずっても、これはゆずれぬ」

ゆきづまった近衛内閣は十月十六日に総辞職した。東條の、

「中国からの撤兵は一歩も譲歩できない。時機を失せず開戦を決意すべし」

の開戦論をハネかえすことができなかったのである。

十月十七日午後、重臣会議がひらかれ、これまで米内内閣を倒し、近衛内閣を成立させることに協力し、陸軍にすり寄っていた内大臣木戸幸一の東條推薦の発言によって、ほかに適切な候補者もないため、一同は東條に大命が降下されることに同意した。

この日夕刻、東条英機陸軍中将に後継内閣組織の大命が下った。

天皇は東條にとくに訓戒をあたえた。

「このさい陸海軍は、その協力をいっそう密にすることに留意せよ」

しかし、この訓戒で、東條が海軍の対米英戦反対論をうけ入れるわけはなく、海軍が東條の意見に従うほかなくなった。

海相及川は、はじめ対米英戦につよく反対している呉鎮長官豊田副武《そえむ》大将を後任海相に推薦したいと東條に告げたところ、東條は猛然と反対した。

「豊田大将は困る。協調精神がなく、陸軍側の彼に対する印象が悪い。強いて固執されるなら、自分も固辞のほかはない」

天皇から「陸海軍はその協力をいっそう密にせよ」と言われていた及川は、東條に屈した。

海軍省に帰り、首脳らに事情を説明し、豊田をおろし、横鎮長官嶋田繁太郎大将を後任海相に推薦することにきりかえた。

嶋田は伏見宮の随一の寵臣《ちょうしん》で、やがて、「東條の副官」「東條の男メカケ」などとカゲ口をたたかれるようになる。

東條は、天皇の訓戒を、海軍が陸軍に同意すべきものと理解したのであった。

しかし東條は、木戸から天皇の内意としてつたえられた「九月六日の御前会議決定を白紙還元して再出発せよ」ということばには、もっともらしい姿勢をしめした。条件つきで中国から撤兵することを前提にして、日米交渉に全力を尽くすべきだという東郷茂徳《しげのり》を外相に迎え、おなじく交渉成立を望む賀屋興宣《かやおきのり》を蔵相に迎えた。

しかしそれは、陸軍省軍務局長武藤章少将が断言したように、外交を一所けんめいやるとみせ、機を見て、開戦にもちこむ陸軍の謀略にほかならなかった。

参謀本部の十月十七日の『機密戦争日誌』には、

「いかなることありといえども、新内閣は開戦内閣ならざるべからず。開戦、これ以外に陸軍の進むべき道なし」

と書きこまれた。

十月十八日、東條内閣の親任式がおこなわれた。この日、陸軍首脳部の推薦によってにわかに陸軍大将に進級した東條は、真新しい三つ星の襟章をつけ、胸を張って参列した。首相兼陸相兼内相（内務大臣）という、超権力者になっていた。

嶋田新海相は、十月二十日、侍従武官長蓮沼蕃《しげる》陸軍大将から、「お心得までに申し上げる」と、つぎのように聞かされた。

「陛下のご心痛を拝し、恐懼《きょうく》に堪えません。

今年六月には陸海軍とも不戦（対米）でありましたのに、海軍省某課長（石川信吾軍務局第二課長であろう）の反対で一夜に変わり（開戦を辞せずに）、ついで七月と九月の御前会議になりました。この事態にみちびいているのは海軍であると、陛下は考えておられます。さきごろ伏見宮博恭王殿下が陛下に拝謁されるとき（十月九日）、陛下からご詰問がなされたかに拝しております」（『嶋田日記』『嶋田繁太郎大将備忘録』）

海軍の軍令部総長永野は、十月二十一日、二十二日、宮中の大本営で、参謀総長杉山に対して、きわめて強気に語った。

「内閣が更迭してもわたしの決心は変わらん（至急開戦の）。九月六日の御前会議の決定を変更する余地はない。作戦準備は本格的にやる。外交の妨害になるなどということばに掣《せい》肘《ちゅう》されないようにしなければならん。屈服的な外交はいかん」

海相 嶋田繁太郎

十月二十七日、海相嶋田は、紀尾井町の伏見宮邸にゆき、伏見宮と一時間にわたって懇談した。伏見宮は、永野ほか軍令部員らと接触があるらしく、

「すみやかに開戦しなければ戦機を失す。

この戦争は長期戦になるだろうが、わがほうから和平を求めても、米国は応じまい。

けっきょくいかにして最小限の犠牲で和平をお

こなうことができるかが問題だ」

と、早急の開戦を督促し、戦争終結の方法を研究するように勧告した。

嶋田は、開戦する方向で挙国一致をはかりたいと返事をした。

十月三十日の夜、嶋田は伏見宮の言に従う肚をきめた。

「あの聡明な伏見宮殿下でさえ、すでに諦めておられるように拝する。ここでわたしが反対して海軍大臣を辞めれば、内閣はつぶれるであろう。そして後任者を得ることがきわめて困難で、この逼迫《ひっぱく》した時機に国家としてまことに大きな損失だ。

また大臣就任のさいの伏見宮の思召にも反することになり、恐懼に堪えない」

それはまた、天皇に従って開戦を阻止するよりも、自分の保身につごうのよい道をえらんだことでもあった。

嶋田繁太郎は明治十六年（一八八三）九月、東京に生まれ、明治三十七年（一九〇四）十一月、兵学校三十二期百九十二人中の二十七番で兵学校を卒業し、砲術将校となり、大正四年（一九一五）十二月、甲種学生十三期十七人のひとりとして海軍大学校を卒業した。

大正九年（一九二〇）六月から十一年十一月まで少佐、中佐の軍令部第一班第一課部員、大正十五年（一九二六）十二月大佐の第七潜水隊司令、昭和三年（一九二八）十二月高速戦艦「比叡」艦長、五年十二月少将の連合艦隊参謀長、六年十二月海軍潜水学校長、七年六月軍令部第三班（情報）長、同年十一月軍令部第一班（作戦）長、八年十月同部第一部長（一班長が改称）などをつとめた。

昭和九年十一月中将に進級、十年（一九三五）十二月軍令部次長、十二年十二月第二艦隊（重巡部隊が主力）司令長官、十三年十一月呉鎮長官、十五年（一九四〇）五月支那方面艦隊司令長官、同年十一月大将、十六年九月横鎮長官をへて、十六年十月海相に就任した。

第15章　逆効果になった真珠湾奇襲攻撃

軍令部総長永野の最も強硬な開戦主張

昭和十六年（一九四一）十一月一日午前九時から、宮中で、対米戦争の開戦予定を決定する大本営・政府連絡会議がひらかれた。おもな出席者は杉山、永野、東條、嶋田、東郷、賀屋、企画院総裁鈴木貞一らである。

軍令部総長永野が、ここでも強硬に主張した。

「帝国として対米戦争の戦機は今日にあり。この機を失せんか、開戦の機を米国の手にゆだね、ふたたびわれに帰らざることなり」

外相東郷と蔵相賀屋は「臥薪嘗胆《がしんしょうたん》」の意見をのべたが、押しきられ、

「帝国は現下の危局を打開して自存自衛を全うし、大東亜の新秩序を建設するため、このさい対米英蘭戦を決意す。

武力発動の時機を十二月初頭と定め、陸海軍は作戦準備を完整す。

対米交渉が十二月一日までに成功せば、武力発動を中止」という要旨の「帝国国策遂行要領」が決定された。

明くる十一月二日、東條、杉山、永野は並立して、天皇に連絡会議のもようを報告した。天皇はなっとくした様子であったが、

「時局収拾のため、ローマ法王を考えてみてはどうか」

と三人に示唆《しさ》をあたえた。なお戦争を回避したい意思だったのである。

十一月五日、午前十時三十分から御前会議がひらかれ、「帝国国策遂行要領」が予定どおり最終的に決定された。

ワシントンの野村吉三郎駐米大使と来栖《くるす》三郎《さぶろう》特命全権大使は、十一月半ばすぎ、つぎのような最終案で、コーデル・ハル国務長官と最後の交渉にかかった。

「支那（中国）に駐留する日本軍は、日支間の和平成立後二年以内に撤収する。ただし北支、蒙疆《もうきょう》の一定地域および海南島の日本軍は、二十五年間駐留する。

日独伊三国同盟条約の解釈および履行に関しては、日本政府がみずから決定する。

南部仏印駐留の日本軍は北部仏印に移駐し、支那事変が解決するか、太平洋地域における公正な平和が確立されたうえは、日本軍は全面的に仏印から撤収する」

大統領ルーズベルトとハルは、これに同意することは、日本のこれまでの侵略を許し、日本の将来の侵略路線を認め、米国の外交原則を放棄し、中国とソ連をうらぎり、西太平洋と

東亜に対する日本の覇権を認めることになると判断し、日本の条件を拒否することにした（『ハル・メモ』）。

十一月二十六日夕刻（ワシントン時間）、ハルは、国務省において、日本の最終案に対する米国の回答を野村、来栖に手交した。「ハル・ノート」とよばれ、要点はつぎのようになったものである。

「一　四原則を承認すること
二、三（省略）
四　支那および仏印から一切の陸、海、空兵力および警察力を撤収すること
五　蔣介石政権以外は支持しないこと
六　支那における治外法権および租界を撤廃すること
七、八、九（省略）
十　日米両国が第三国との間に締結したいかなる協定も、本協定および太平洋平和維持の目的に反するものと解釈されるべきではないことを約す」

ポイントは、中国、仏印からの全面撤兵と、日独伊三国同盟条約の空文化であった。

それにしてもこの回答は、日本の立場を完全に無視した、はなはだ高圧的なものであった。じつは米国は、日本が十一月二十五日ごろ交渉をうちきり、戦争に突入することを暗号電報解読によって知り、これ以上の進展はないと判断して、対日戦を決意していたのである。「抜け」というようなものであった。

この米回答に対しては、交渉の進展を願っていた外相東郷、蔵相賀屋も、憤激して言った。

「もはや交渉の余地なし」

ただ、戦争を渇望していた東條、杉山、永野、嶋田はじめ陸海軍の開戦派は、絶好の理由ができたと、勢いづいた。

十二月一日午後二時から、宮中東一ノ間で、東條以下全閣僚、参謀本部の杉山、田辺（盛武次長、中将）軍令部の永野、伊藤、枢密院議長の原らが出席して、いつものとおり御前会議がひらかれた。最後に、

「十一月五日決定の『帝国国策遂行要領』に基《もと》づく対米交渉は遂に成立するに至らず。帝国は米英蘭に対し開戦す」

の議案が、天皇によって裁可された。

対米英不戦に精根を尽くしてきた天皇も、ついに開戦の肚を決めたようである。

しかし、米国の「ハル・ノート」が開戦の理由にされたとしても、それより先に天皇は、後継内閣首班に東條を推薦した木戸をはじめ、陸軍の東條、杉山以下、海軍の永野、嶋田以下のシナリオに乗せられていたのであった。

戦前に推定された開戦後の日米兵力の推移

終戦後になって大前敏一《おおまえとしかず》元海軍大佐（五十期）がまとめ、小沢治三郎元中将（三十七期）

が校閲した「旧日本海軍の兵術的変遷と之《これ》に伴う軍備並びに作戦」という資料が、防衛庁防衛研究所にある。

小沢は太平洋戦争中に南遣艦隊、第三艦隊（機動部隊）、第一機動艦隊の各司令長官、軍令部次長、海軍総司令官兼連合艦隊司令長官兼海上護衛司令長官などを歴任した。

大前は昭和十九年（一九四四）六月のマリアナ沖海戦と、同年十月のフィリピン沖海戦のさい、第一機動艦隊司令長官小沢治三郎中将の先任参謀であった。

小沢は鬼瓦のような顔の筋骨たくましい巨漢だが、知謀があり、五期上の山本五十六とウマが合い、「航空主兵・戦艦無用」思想も一致していた海上指揮官である。

この資料によると、昭和十六年ごろ、日本海軍は日米兵力の推移を、要約するとつぎのように見ていた。

「艦艇

日本海軍が一年間に増勢できる艦艇は約十三万トン、緊急建造のものを加えても二十万トン以下である。

米国の造艦力は日本の三ないし五倍。

現在米国が造艦計画中の艦艇は約百九十万トンだが、日本はその約六分の一の三十二万トンである。

昭和十八年（一九四三）になると、日本の艦艇兵力は米国の五割ていど、昭和十九年には三割以下に低下する。

太平洋戦争開戦時の日米の全艦艇はつぎのとおりであった。
日本　戦艦十、空母九、重巡十八、軽巡二十、駆逐艦百十二、潜水艦六十四
米国　戦艦十七、空母八、重巡十八、軽巡十九、駆逐艦二百十四、潜水艦百十四
海軍航空機

第一次攻撃隊の雷撃をうけるハワイ真珠湾の米主力艦群

日米の航空機生産力を比較すると、米国が日本の十倍以上である。

	日本	米国
昭和十七年	約四千機	約四万八千機
昭和十八年	約八千機	約八万五千機
昭和十九年	約一万二千機	十万機以上

太平洋戦争開戦時の日米両海軍の飛行機数は、日本が二千百二十機、米国が五千三百機であった。日本陸軍は四千八百二十機、米陸軍は一万二千三百機であった」

この資料からすると、昭和十九年には日本は艦艇で米国の三割、航空機で一・五割ないし一・三割となり、大艦巨砲主義、航空主兵主義のどちらでも、勝ち目はまったくなくなるものであった。

日本海軍はワシントン条約とロンドン条約で、戦艦、空母、巡洋艦、駆逐艦などの兵力量が米英の六割におさえられたことを嫌い、昭和九年十二月にワシントン条約の廃棄を通告、昭和十一年一月にロンドン条約軍縮会議脱退を通告した。

そして、昭和十一年（一九三六）十二月三十一日、両条約は期限満了となり、世界は軍備無制限時代に入った。

ところが、いざ日米戦争となると、日本海軍は米海軍に対して、開戦一年半後ぐらいからは、段ちがいに劣勢の兵力しか保持できず、とうてい太刀打ちできなくなったのである。

米内家に参集した人びとの語り合い

昭和十六年十二月八日朝、開戦の報がラジオで全国につたえられ、大戦果が挙がったという大本営発表に、大多数の国民は驚喜した。

しかし麴町区《こうじまち》（現千代田区）三年町の米内家にあつまった元外相の有田八郎、元蔵相・内閣書記官長の石渡荘太郎をふくむ十数人は、暗然として、語り合った。

「どう考えても日本には勝目がなく、三年ともたないだろう。戦争となった以上は協力しなければならないが、一日も早い戦争終結をはからなければならない」

真珠湾奇襲攻撃は成功し、予想外の大戦果と思われたが、野村、来栖両大使のハル国務長官に対する最後通告が、攻撃開始より約一時間おくれたために、米政府は、

「日本は国際条約を破り、卑劣な騙《だま》し討ちをしかけてきた」

と宣伝し、全米国民は「リメンバー・パールハーバー」を合言葉に、挙国一致で対日戦に立ち上がった。

山本五十六は、真珠湾攻撃によって、

「米国海軍と米国民をして救うべからざる程度にその士気を沮喪《そそう》せしむ」

ことを最大の目的にしたが、

「米国海軍と米国民をして、日本海軍と日本国民が色を失う程度に、その士気を高揚せしむ」

ことにしてしまった。

戦果の真相も、米国太平洋艦隊司令長官チェスター・W・ニミッツ大将（のちに元帥）が、

「沈没した二隻の旧式戦艦は、実戦に不適な低速艦であった。他の戦艦は修復された。機械工場、修理施設、燃料タンクは無事であった。とくにこの燃料がなくなれば、艦隊は数ヵ月にわたり、真珠湾から作戦することができなかったであろう。

もっとも幸運だったのは、空母が無傷で、巡洋艦と駆逐艦の損害もきわめて少なかったため、高速空母攻撃部隊を編成するのに支障がなかったことである」

と語ったようなものであった。

けっきょく真珠湾奇襲攻撃は、総合的に見れば、このように、戦果は見かけ倒しで、現実的には逆効果になったのであった。

あとがき

明治三十七、八年（一九〇四、〇五）の日露戦争時、三十七歳の連合艦隊先任参謀秋山真之《さねゆき》中佐（のちに中将）は、決戦の日本海海戦において、本国から来攻するロシアのバルチック艦隊を撃滅する一分の隙もない作戦計画を立案したが、すでに戦前から、戦勝の要訣をつぎのように説いていた。

「古今の戦史を按《あん》ずるに、一国の戦勝は宣戦後に得られたるものにあらず。平時上下軍人の精励なる素養と惨憺たる経営とにより、宣戦前までにその敵国に対し有形無形諸作戦要素の優位を占め、戦わざる前すでに確実なる勝算あらざるものなし」

これに反して昭和海軍は、確実な勝算をみこめないにもかかわらず、対米英蘭の太平洋戦争に踏みきり、六ヵ月後からは惨敗をくりかえし、ついには無益な戦争をバカは死なきゃなおらないほどに際限なく継続して、犠牲者と損害をむやみに増大させたのである。

その責任は、海軍兵学校出身兵科将校中の戦争・作戦指導者らにあったことは、言うまでもない。

海軍兵科将校に関する人事は、明治の海軍創設以来昭和はじめまで、要職において不適切なものはすくなく、そのために国を危うくすることはなかった。

明治三十一年（一八九八）十一月から三十九年一月までの海相山本権兵衛《ごんべえ》（兵学校二期、鹿児島）が確立した海軍省主導・政治優先・合理主義の海軍経営方針にもとづく兵科将校人事を、その後の海相斎藤実《まこと》（同六期、岩手）、八代六郎《やしろ》（同八期、愛知）、加藤友三郎（同七期、広島）、財部彪《たからべたけし》（同十五期、宮崎）、村上格一《かくいち》（同十一期、佐賀）岡田啓介（同十五期、福井）らも、おなじ見解で実施していたからである。

ところが、昭和七年（一九三二）二月、伏見宮博恭王《ふしみのみやひろやすおう》大将（兵学校二十期相当、同年五月元帥）が海軍軍令部長（昭和八年十月から、海軍ぬきの「軍令部総長」と改称）に就任する（そのイキサツは本文に記述）と、皇族の権威によって海相大角岑生《おおすみみねお》（同二十四期、愛知）を抑制し、昭和天皇の意に反して海軍を軍令部主導（陸軍は参謀本部主導）・軍事優先・対米英強硬の海軍経営方針に変革させ、それにもとづく兵科将校人事を実施させはじめた。

その結果、以後の主要な海軍兵科将校人事は、昭和七年（一九三二）五月からの二回めの岡田啓介海相時代、および昭和十二年（一九三七）二月からと昭和十九年（一九四四）七月からの二回にわたる米内光政《よないみつまさ》（同二十九期、岩手）海相時代をのぞき、あとはほとんど元帥伏見宮の意に適う者が海軍省、軍令部の要職に任命されるようになり、けっきょく海軍は陸軍に同調して、対英米蘭戦争に突入した。

しかし、開戦六ヵ月後ごろから、日本海軍は米海軍に対して、有形無形の諸作戦要素が段ちがいに劣位にある事実をバクロさせはじめ、最終的には日本海軍も日本も壊滅的完敗を喫したのである。

太平洋戦争は、天地の真理に背く驕慢から発した誤断の戦争にほかならなかった。

海軍兵学校出身兵科将校の進級は、兵学校卒業時の成績（次席）にほとんど左右されるという説がある。しかし、昭和十七年（一九四二）十一月十日から十九年八月五日まで中将の兵学校長であった井上成美《しげよし》（同三十七期、二十年五月に大将、宮城）の調査によると、「某期においては兵学校卒業成績は、平均して各人の将来の到達最終官階（階級）に半分だけ影響せり」

ということであった。その実態は某期（三十七期のようである）にかぎらず、各期とも似たものであろう。

こういう状況のなかで、米内光政は二十九期百二十五人中の六十八番で兵学校を卒業し、海軍大学校甲種学生になり、海相、大将に昇進した。

及川古志郎（岩手）は三十一期百八十九人中七十六番で兵学校を卒業し、海大甲種学生になり、大将、海相、軍令部総長に昇進した。

両人は兵学校卒業後の勤務実績を、海軍省人事局、海軍省首脳に認められたものである。ただ、米内と及川の栄進のイキサツはだいぶちがっていて、それは本文に記述した。

これに類する例はほかにもあるので、兵学校出身兵科将校の進級が、同校卒業時の席次にほとんど左右されるという評は、的を射ていないと言っていい。

海軍の勝敗、ひいては日本の安危にかかわる兵科将校の人事での重要な問題は、一般的に佐官以上の、とくに将官級の要職に対する補職（任命）の適否にあった。

そのなかで、「軍令承行令《ぐんれいしょうこうれい》」が硬直な法規のために、適材適所の人事が的確におこなわれず、任務達成に失敗することが多かったという評がある。

軍令承行令は、海軍の艦船および部隊を指揮する指揮権の軍令承行（うけたまわり執行する）の継承順序を規定した法規で、「軍令は将校（兵科将校）、官階（階級）の上下、任官の先後（先任、後任）により順次これを承行す」というものである。

これは兵科現役将校最優先主義で、兵科将校であれば、なりたての少尉が、艦船部隊指揮に関するかぎり、経験を積んだ機関（科）中将以下をも指揮するという非現実的非合理的なものであった。

その点は当然改正しなければならないことであったが、おなじ兵学校出身兵科将校のあいだでも不合理な問題があった。

たとえば、つぎのような例がある。

中将南雲忠一《なぐもちゅういち》（同三十六期、山形）は、空母あるいは空母部隊勤務の経験がないのに、第一航空艦隊（ハワイ作戦では第一、第二、第五航空戦隊の「赤城」以下空母六隻が基幹）司令長官に任命され、機動部隊指揮官としてハワイ奇襲攻撃作戦やミッドウェー海戦などに参戦した。しかし、ほとんど参謀まかせで自主的に指揮することはなく、ミッドウェーでは四隻の正規空母を沈没させる大失態をひきおこす最高責任者になったのである。

もし南雲にかわって、当時第二航空戦隊（空母「飛龍《ひりゅう》」「蒼龍《そうりゅう》」が基幹）司令官の少将山口多《た》門《もん》（四十期、島根）が第一航空艦隊司令長官になっていれば、ハワイの米艦船修理工場や燃料タンクなども破壊したであろうし、ミッドウェーでは米空母三隻をのこらず撃沈し、味方の空母は多くても沈没二隻、破損二隻にとどまったであろうと見られている。

しかし、軍令承行令のために、山口の一航艦司令長官補職は不可能であった。

米海軍ならば、山口を機動部隊中の最上位の中将に特進させて、一航艦長官に任命する人事をおこなえたのである。

ただし、ハワイで戦果を拡大し、ミッドウェーで米空母三隻を撃沈しても、その後日本海軍が米海軍を打倒することは、日米海軍のそれぞれの総合力を比較すれば、不可能であったにちがいない。

結論は、対米英蘭の太平洋戦争はおこなわず、米英中と妥協して、世界情勢の変化を見守り、場合によっては米英中と協力して対ソ防衛戦をおこなうべきであったということである。

また、日本海軍が戦争を終結すべき時機を見そこない、無益に戦争を長びかせたことも、重大な失敗であった。この件は開戦時に決定しておくべき重要な必要措置であったが、海軍の戦争・作戦指導者らは、陸軍と同様になにも為すことなく、無責任に放置していた。

最後にあとひとつ、あれだけの惨敗と、あれだけの国家・国民の大被害に対する陸海軍の戦争・作戦指導者らと一部の政治家らの責任を、二十一世紀にうつるいまこそ、日本政府、国会国民によって、明確に糾明しておくべきだということである。

それを実行しなければ、現代に蔓延している「無責任・ごまかし病」はさらに増殖され、日本を腐敗死させるに至るであろう。

ところが、この乱脈な世相を逆用するかのように、殉国の特攻隊戦没勇士たちをしきりに美化称賛し、「大東亜戦争正当論」をふりまき、現代の若者たちに特攻隊戦没勇士を見ならうことを奨励して、惨敗と甚大な犠牲に対する陸海軍の戦争・作戦指導者らの責任を糊塗隠蔽する旧陸軍士官学校、海軍兵学校出身の生きのこり元正規将校群が実在するようである。

特攻隊戦没勇士たちを敬意と感謝の念をもって追悼するのは当然のことだが、それを利用して、自分が所属する団体の名利を保護しようと画策する行為は、特攻隊戦没勇士たちを冒瀆するものであり、そのような武士道にあるまじき行為は、みずから粛正してもらいたいのである。

平成十一年五月

生出　寿

〈参考引用文献〉

＊『太平洋戦争秘史』保科善四郎、大井篤、末国正雄共著　（財）日本国防協会＊『戦史叢書　ハワイ作戦』防衛庁戦史室　朝雲新聞社＊『ニミッツの太平洋海戦史』Ｃ・Ｗ・ニミッツ、Ｅ・Ｂ・ポッター共著　実松譲、冨永謙吾共訳　恒文社＊『戦史叢書　ミッドウェー海戦』同前＊『連合艦隊参謀長の回想』草鹿龍之介　光和堂＊『戦藻録』宇垣纒　原書房＊『ああ江田島』菊村到　新潮社＊『戦史叢書　南東方面海軍作戦(2)』同前＊『連合艦隊興亡記』千早正隆　中公文庫＊『戦史叢書　マリアナ沖海戦』同前＊『戦史叢書　海軍捷号作戦(2)』同前＊『大西瀧治郎』故大西瀧治郎　海軍中将伝刊行会＊『散る桜残る桜』甲飛十期会＊『特攻長官大西瀧治郎』生出寿　徳間文庫＊『元帥加藤友三郎伝』宮田光男　非売品＊『元帥島村速雄伝』中川繁丑　非売品＊『鈴木貫太郎自伝』鈴木一編　時事通信社＊『海軍兵学校沿革』海軍兵学校編　原書房＊『日本陸海軍総合事典』秦郁彦編　東京大学出版会＊『海軍兵学校出身者（生徒）名簿』同名簿作成委員会　非売品＊『図説総覧海軍史事典』小池猪一編著　国書刊行会＊『加藤寛治大将伝』伝記編纂会　代表安保清種＊『英傑加藤寛治』坂井景南　ノーベル書房＊『岡田啓介回顧録』岡田貞寛編　毎日新聞社＊『博恭王殿下を偲び奉りて』御伝記編纂会　非売品＊『日本の海軍』池田清　至誠堂＊『本庄繁日記』原書房＊『西園寺公と政局』原田熊雄述　岩波書店＊『歴史のなかの日本海軍』野村実　原書房＊『戦史叢書　大本営陸軍部(1)(2)(10)』同前＊『真珠湾までの経緯』石川信吾　時事通信社＊『井上成美』井上成美伝記刊行会＊『戦史叢書　大本営海軍部　大東亜戦争開戦経緯(1)(2)』同前＊『二・二六事件』大谷敬二郎　図書出版社＊『木戸幸一日記』木戸幸一　東京大学出版会＊『海軍大将米内光政覚書』高木惣吉写・実松譲編　光人社＊『新版米内光政』実松譲　光人社＊『戦史叢書　支那事変陸軍作戦(1)』同前＊『支那事変戦争指導史』堀場一雄　時事通信社＊『近衛日記』近衛文麿　共同通信社＊『一軍人の生涯提督米内光政』緒方竹虎　光和堂＊『山本五十六』阿川弘之　新潮社『戦史叢書　大本営陸軍部　大東亜戦争開戦経緯(1)(2)(4)(5)』同前＊『嶋田繁太郎大将備忘録』非売品＊『天皇の昭和』三浦朱門　扶桑社＊『井上成美のすべて』新人物往来社

単行本　平成十一年六月「海軍人事の失敗の研究」改題　光人社刊

ＮＦ文庫

海軍人事
二〇二〇年十月十九日　第一刷発行
著　者　生出　寿
発行者　皆川豪志
発行所　株式会社　潮書房光人新社
〒100-8077　東京都千代田区大手町一-七-二
電話／〇三-六二八一-九八九一代
印刷・製本　凸版印刷株式会社
定価はカバーに表示してあります
乱丁・落丁のものはお取りかえ
致します。本文は中性紙を使用
ISBN978-4-7698-3187-7　C0195
http://www.kojinsha.co.jp

NF文庫

刊行のことば

第二次世界大戦の戦火が熄《や》んで五〇年――その間、小社は夥しい数の戦争の記録を渉猟し、発掘し、常に公正なる立場を貫いて書誌とし、大方の絶讃を博して今日に及ぶが、その源は、散華された世代への熱き思い入れであり、同時に、その記録を誌して平和の礎とし、後世に伝えんとするにある。

小社の出版物は、戦記、伝記、文学、エッセイ、写真集、その他、すでに一、〇〇〇点を越え、加えて戦後五〇年になんなんとするを契機として、「光人社NF（ノンフィクション）文庫」を創刊して、読者諸賢の熱烈要望におこたえする次第である。人生のバイブルとして、心弱きときの活性の糧《かて》として、散華の世代からの感動の肉声に、あなたもぜひ、耳を傾けて下さい。